第2版

ユーキャンの

QC検定

品質管理検定

3級

20日で完成!

合格テキスト&問題集

#

別 冊

本書の使い方

STEP 1

毎日の学習は
ここを意識して進めると
効率的です。

20日間で知識を身につけよう！

まず、ざっと読んで全体の流れをつかみ、そのあと細かく覚えていくのが学習のコツです。その日の学習が終わったら、「理解度check」を解いて知識を定着させましょう。

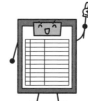

三段階で重要度を確認
★３つが最重要

赤字や太字を中心にポイントを理解

13日目 / 20

データの取り方・まとめ方①

本日からは品質管理の手法を学びます。
まずは、データの取り方・まとめ方の基本として、
プロセスのアウトプットである
データの収集方法と測定誤差について
見ていきましょう。

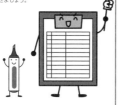

QUALITY CONTROL

重要度 ★★★

13日目 / 20

データの取り方・
まとめ方①

データ収集の基本

データ収集の目的と種類

❶ データを取る目的

　私たちは、製品・サービスの特性やプロセスの実施状況についてデータで把握し、問題があればこれを改善するという品質管理活動を日常的に行っています。品質管理活動に必要なデータを取るためには、データを取る目的を明確にする必要があります。

データを取る目的

● 何もわかっていないので、ともかくデータを集めて様子を探ってみたいといった、真理についての**仮説**を求める解析をする
● 真理が果たして自分の予想に合っているかを確かめるために、データを取ってみたいといった、設定された仮説の**真偽**を確かめるための解析をする

❷ データの種類

　データとは、何かを数値、文字や符号などのまとまりとして表現したものであり、数値データ○○○○○○○に分類できます。
○○数値とは、計算や計量・計測をして得られた数であり、日常的に仕事のなかで使用しています。言語とは、人の意思・思想・感情などを伝達するために用いる記号体系です。

データには様々なものがあります。

160

ゴールが明確！

その日学ぶことのポイントを確認

表や箇条書きで要点を整理

赤シートで
重要語句を隠して
チェック！

4

STEP 2

「模擬試験」で本試験をシミュレーション！

学習が終わったら「模擬試験」にチャレンジ。実際の試験より問題数は多めですが、本番と同じように時間配分も確認しながら取り組みましょう。解答は別冊の「解答解説」で確認して下さい。

STEP 3

「用語集」と「試験直前！確認ドリル50」で最終確認！

別冊には模擬試験の解答解説のほかに、重要用語の「用語集」と「試験直前！確認ドリル50」がついています。試験会場に持ち込んで、最終確認をしましょう。

図でイメージをつかむ

「理解度check」で知識を定着！

間違えたら本文に戻ろう。

QC検定3級　資格・試験について

 ## QC検定とは

　（一財）日本規格協会・（一財）日本科学技術連盟が主催するQC検定（品質管理検定）は、品質管理に関する知識をどの程度もっているかを客観的に評価するための試験で、年2回（9月と3月）に実施されます。

　従事している仕事の内容や仕事における品質管理、改善の実施レベルとその実施に必要な知識によって4つの級に分かれています。

 ## QC検定3級の対象者

　3級は業種・業態に関わらず、自分たちの職場の問題解決を行う全ての人を対象とした試験です。品質管理を学ぶ大学生、高専生、工業高校生も対象としています。受検資格は定められておらず、誰でも受検できます。

 ## QC検定3級の出題範囲

　QC検定の出題範囲は、「品質管理検定レベル表」として定められ、WEBサイトで公開されています。2021年7月現在実施されている試験は、「品質管理検定レベル表（Ver. 20150130.2）」に基づいて出題されています。

　出題分野は「品質管理の実践」と「品質管理の手法」に大別されます。

品質管理の実践	品質管理の手法
■QC 的ものの見方・考え方	■データの取り方・まとめ方
■品質の概念	■QC 七つ道具
■管理の方法	■新QC 七つ道具
■品質保証：新製品開発	■統計的方法の基礎
■品質保証：プロセス保証	■管理図
■品質経営の要素：方針管理	■工程能力指数
■品質経営の要素：日常管理	■相関分析
■品質経営の要素：標準化	
■品質経営の要素：小集団活動	
■品質経営の要素：人材育成	
■品質経営の要素：品質マネジメントシステム	

合格基準

・出題を手法分野・実践分野に分類し、各分野概ね50%以上
・総合得点概ね70%以上

 ## QC検定３級受検情報 （2021年7月現在）

申込み方法（個人）	インターネット申込み
試験日	9月／3月
試験時間	13:30 ～ 15:00 （90分）
出題形式	マークシート
持ち物	受検票、筆記用具（黒の鉛筆・シャープペンシル（HB又はB）・消しゴム）、時計、√（ルート）付きの一般電卓

 ## 受検の流れ

WEBで申込み → 受検票発送 → 試験 → 基準解答掲載 → WEB合格発表 → 試験結果通知書発送 → 認定カード申込み（オプション）

 ## QC検定に関する問い合わせ先

（一財）日本規格協会　QC検定センター
URL　：https://www.jsa.or.jp/qc/
TEL　：03-4231-8595　　　　FAX：03-4231-8690
E-mail：kentei@jsa.or.jp（お問合わせ一般）
　　　　qc-dantai@jsa.or.jp（団体申込専用）

※記載されている検定概要は変更になる場合がありますので、受検される際には公式サイトをご覧ください。

品質管理の実践編

　品質管理に関する実践的な知識が問われます。出題の形式には記述の正誤を判定する○×式や適切な用語を選ぶ選択式があります。

学習項目	学習日	出題傾向・対策
QC的ものの見方・考え方	1日目 2日目	QC的ものの見方・考え方の用語は毎回出題されています。マーケットインや、品質第一、プロセス重視、重点思考、源流管理などの基本的な用語と概念を押さえておきましょう。
品質の概念	3日目	品質に関する用語は毎回出題されています。要求品質、品質要素、ねらいの品質とできばえの品質、当たり前品質と魅力的品質などの用語と概念を押さえておきましょう。
管理の方法	4日目 5日目	問題解決型QCストーリーはよく出題されます。実際の改善活動を想定した出題が多いです。8つのステップで、それぞれどのような活動をするのかを整理しましょう。
新製品開発	6日目 7日目	新製品開発はときどき出題されます。DRとトラブル予測、FMEA、FTA、品質保証のプロセス、苦情処理などについて用語と概念を押さえておきましょう。
プロセス保証	8日目 9日目	検査は毎回出題されています。検査の考え方、検査の種類を押さえましょう。工程管理で使われる、標準化、プロセス、工程異常、工程能力解析も毎回のように出題されるので、用語と概念を確認しておきましょう。
方針管理	10日目	方針管理はときどき出題されます。方針管理の仕組みと、使われている用語、概念を押さえておきましょう。
日常管理	11日目	日常管理はときどき出題されます。管理項目、異常とその処置、変化点とその管理の用語と概念を押さえておきましょう。
標準化/小集団活動/人材育成/品質マネジメントシステム	12日目	QCサークル活動（小集団改善活動）は毎回出題されています。QCサークル活動の進め方を覚えておきましょう。

品質管理の手法編

統計・データを扱う分野です。出題形式は「品質管理の実践」同様、〇×式と選択式ですが、知識だけでなく、計算したり、データを読み取ったりする力も問われます。

学習項目	学習日	出題傾向・対策
データの取り方・まとめ方	13日目 14日目	出題回数は多くないですが、データの種類、母集団とサンプル、サンプリングと誤差の用語、概念はしっかり確認しておきましょう。
QC 七つ道具	15日目 16日目	QC七つ道具は毎回出題されています。特にパレート図とヒストグラムは作成手順も覚えておきましょう。また、ヒストグラムは形とその特徴の理解も必要です。
新QC 七つ道具	17日目	新QC七つ道具は毎回出題されています。各ツールの使用目的、特徴を押さえておきましょう。
統計的方法の基礎	18日目	正規分布はときどき出題されます。確率計算の方法と標準正規分布表の見方を覚えておきましょう。
管理図	19日目	$\bar{X}-R$ 管理図が毎回出題されています。$\bar{X}-R$ 管理図作成の手順を理解しておきましょう。また、計数値の管理図の種類も出題されますので、p管理図、np管理図、u管理図、c管理図はどのようなときに使うのか、確認しておきましょう。
工程能力指数	20日目	工程能力指数はときどき出題されます。工程能力指数について、片側規格、両側規格の場合の計算方法と工程能力指数の意味を押さえておきましょう。
相関分析	20日目	散布図はときどき出題されます。相関係数の算出方法と散布図の見方を押さえておきましょう。

 学習のページでは、項目ごとに重要度が3段階でついています。★の数が多いほど出題頻度が高い重要な項目です。

QC検定3級

検定をもっていると
どんなメリットがあるの？

多くの企業では、品質管理が行われています。品質管理の知識は、品質管理部や品質保証部などだけではなく、市場調査、製品企画、設計、購買、製造、検査などあらゆる部署で役立つものです。そのため、QCを学ぶことは、仕事の質の向上やキャリアアップにつながります。また、QC検定の合格者は採用や昇進で有利になることもあります。

どの級からでも受検できるの？

QC検定では、年齢、性別、学歴、職歴、国籍等による受検の制限はありません。
各級の「認定する知識と能力のレベル」「対象となる人材像」「試験範囲」を参考に、誰でも、自分に合った級を受検することができます。

認定カードって何？

QC検定の合格者のうち希望者は、別途有償にて、写真付きの認定カードを発行してもらうことができます。認定カードの写真は受検票の写真で作成されます。申し込み期間はWEB合格発表日から約1か月間です。

20日で完成！

QC検定3級合格カレンダー

本書は20日間でQC検定3級の受検に必要な知識を
学べるように構成されています。
学習した日をカレンダーに記入していきましょう。

1 日目	2 日目	3 日目	4 日目	5 日目
6 日目	7 日目	8 日目	9 日目	10 日目
11 日目	12 日目	13 日目	14 日目	15 日目
16 日目	17 日目	18 日目	19 日目	20 日目

| 模擬試験 | 年 | 月 | 日 |

| 受検日 | 年 | 月 | 日 |

| 合格発表日 | 年 | 月 | 日 |

合格めざして
ガンバロー！

イントロダクション

QC検定3級の学習を始める前に、
まずは、QC検定4級の総復習をし、
品質管理の基本となる考え方を押さえましょう。

品質管理とは

品質とは

　品質とは、「**対象に本来備わっている特性の集まりが、要求事項を満たす程度**」(ISO 9000) のことです。**製品・サービス**とは**プロセスの結果**であり、顧客に提供されて価値を生み出すものです。顧客に満足してもらえるかどうかは、提供する製品・サービスの品質によります。

　高い品質で製品・サービスを提供するためには、顧客の声を聴いて、現状の製品・サービスに対する顧客の受け取り方や満足の度合いを詳細に調べる必要があります。調査の結果や市場動向などから、顧客の立場に立って製品・サービスのあるべき姿、あるいはありたい姿を明確に設定していく活動が大切であり、このことを**ねらいの品質**を設定するといいます。

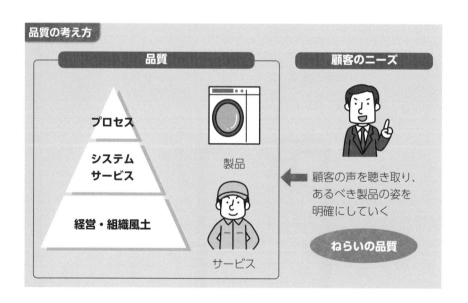

品質の考え方

品質　　顧客のニーズ

プロセス

システム
サービス

製品

経営・組織風土

サービス

顧客の声を聴き取り、あるべき製品の姿を明確にしていく

ねらいの品質

品質管理とは

❶ 問題と課題

　ねらいの品質を設定し、それを実現していくために行う組織としての体系的活動が**品質管理**です。ねらいの品質を実現していくためには、まず、実際に提供されている製品・サービスの現状を把握し、ねらいの品質との間に差（ギャップ）があるかどうかを検証します。両者の間に差があれば、そこには品質に関する問題あるいは課題が存在しており、その差を解消することが、品質に関する問題解決あるいは課題達成となります。

❷ 品質管理活動の基本

　顧客に満足してもらえる製品・サービスを提供するには、品質に**ばらつき**がないようにしていくことが大切です。それには、各部署で良い品質を提供する仕組みをつくり、そのとおり実施する必要があります。しかし、決められたとおりに実施していても問題が発生することがあります。このようなときに、問題を担当者ひとりで解決するのではなく、職場の関係者で協力して解決し、全体の品質を向上させることが品質管理活動の基本となります。

❸ QCD+PSME

　製品・サービスを提供する際には、**良い品質**（Quality）を保ち、**コスト**（Cost）を低く抑え、顧客と約束した量を、決められた日までに渡すという**量・納期**（Delivery）を考えることが大切です。この3つの要素を**QCD**といいます。

　さらにものづくりの現場では、このQCDに加えて、**生産性**（Productivity）、働く人々の**安全**（Safety）や**士気・倫理**（Morale、Moral）、最近では、職場や地球の**環境**（Environment）に関する活動も重要視されています。

❹ 改善の着眼点（3ム）

　良い製品やサービスを提供するために、今の仕事のやり方が最良なのか、もう少し効率よく仕事ができないかなどと考えることがあります。

　このような場合には、仕事の改善を行う必要がありますが、漠然とした考え方では改善がうまくいかないことがあります。改善の検討にあたっては、「**3ム**（さんむ）」と呼ばれる**ムダ・ムラ・ムリ**を見つけ出し、それをなくしていくことを追究することが効果的です。

品質優先の考え方

❶ 品質優先

　品質管理を行うためには、品質を優先するという考え方で仕事に取り組むことが大切です。**品質優先**とは、目先の利益やコストにだけ着目するのではなく、良い品質の製品・サービスを提供することを優先しようという考え方です。これは、**品質第一**などという場合もあります。

❷ マーケットインの考え方

　品質優先の考え方には、提供者側の論理で品質を決める（**プロダクトアウト**）のではなく、顧客の側に立って品質を決める（**マーケットイン**）という考え方があります。顧客の側に立つということは、顧客が求める品質、顧客が支払うコスト、顧客が求める量・納期、顧客にとっての生産性、顧客を含む関係者全員の安全と士気・倫理、社会に対する地球環境の保全（QCD+PSME）を考えて品質管理活動を行うということです。

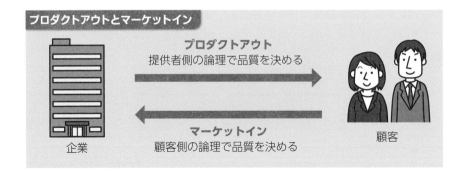

プロダクトアウトとマーケットイン

プロダクトアウト
提供者側の論理で品質を決める

マーケットイン
顧客側の論理で品質を決める

企業　　　　　顧客

管理活動（維持活動と改善活動）

　良い製品やサービスを提供するために、作業標準に従って作業し、ばらつきのない製品やサービスを継続的に生み出す活動を**維持活動**といいます。

　一方、現在の製品やサービスの品質をより良くしたり、コストを下げるために、仕事のミスを減らしたり、後工程に迷惑をかけないように仕事のやり方を変えたりする活動を**改善活動**といいます。

仕事の進め方

❶ PDCAサイクル

PDCAサイクルは、仕事を進める際の基本的な手法のひとつです。**計画**（Plan）、**実施**（Do）、**点検**（Check）、**処置**（Act）のサイクルを確実かつ継続的に回すことによって、プロセスまたはシステムの改善やレベルアップを図ります。

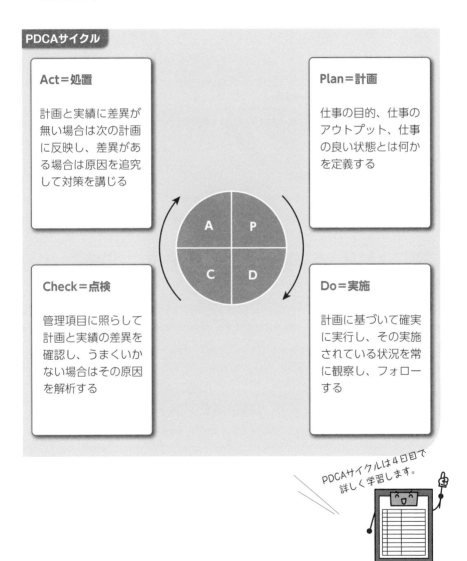

PDCAサイクル

Act＝処置

計画と実績に差異が無い場合は次の計画に反映し、差異がある場合は原因を追究して対策を講じる

Plan＝計画

仕事の目的、仕事のアウトプット、仕事の良い状態とは何かを定義する

Check＝点検

管理項目に照らして計画と実績の差異を確認し、うまくいかない場合はその原因を解析する

Do＝実施

計画に基づいて確実に実行し、その実施されている状況を常に観察し、フォローする

PDCAサイクルは4日目で詳しく学習します。

❷ SDCAサイクル

過去の経験が十分にある、技術が確立されている場合には、計画（P）に替えて、すでに明確になっている良い方法を**標準化**（Standardize）し、「S⇒ D ⇒ C ⇒ A」として管理のサイクルを回すことがあります。

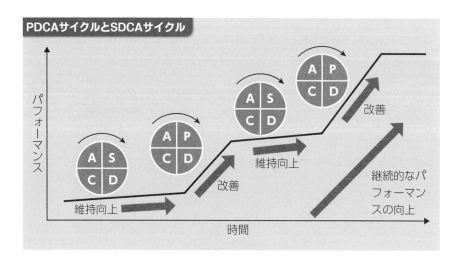

PDCAサイクルとSDCAサイクル

QCストーリーと小集団改善活動（QCサークル活動）

❶ QCストーリー

QCストーリーとは問題解決の手順を示したものであり、①テーマ・目標の設定とその背景、②現状把握（悪さ加減の把握）、③要因解析（因果関係の把握）、④対策の検討・立案、⑤対策の実施・フォロー、⑥効果の確認、⑦標準化と管理の定着（歯止め）、⑧反省と今後の対応を行うという８つのステップで改善活動を行います。これを**問題解決型QCストーリー**といい、課題を達成する手順としては、**課題達成型QCストーリー**というものがあります。

❷ 小集団改善活動（QCサークル活動）

改善活動を進める場合、職場の仲間同士で小集団をつくり、職場の改善を進めていくことがあり、これを小集団改善活動と呼んでいます。この活動に対して、各社で独自の名前をつけているところもありますが、一般的には**QCサークル活動**と呼ぶことが多いです。

重点指向の考え方

　行わなければならない仕事はたくさんありますが、全てを一度に完結できるわけではないので、限られた経営資源を用いて成果を出すことが必要です。このためには、最初に取りかかるものを明確にしてから活動を開始します。このような考え方が**重点指向**です。改善活動の場合では、パレート図を活用して重要な問題から取りかかることになります。

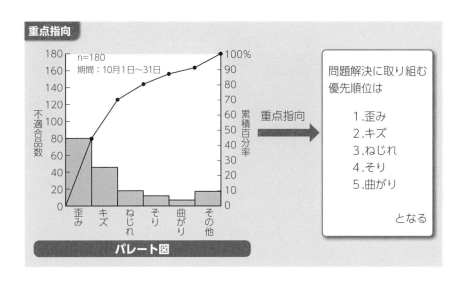

重点指向

n=180
期間：10月1日〜31日

不適合品数

累積百分率

重点指向

問題解決に取り組む
優先順位は

1.歪み
2.キズ
3.ねじれ
4.そり
5.曲がり

となる

パレート図

標準化とは

　作業を行う際に、取り決めがなく個々人が色々な方法で作業をすると、製品やサービスにばらつきが出て顧客に迷惑がかかる原因となります。このようなことが起きないように仕事の手順を決める必要があり、このことを**標準化**といいます。標準化することで、品質の安定、作業ミスの防止、能率の向上、作業の安定化などが期待できます。

検査とは

　仕様に合致した製品を提供するためには、事前にチェックして不適切なものを排除する必要があります。このような活動を**検査**といい、後工程に対する品質保証を行うことになります。

検査では、製品の計測や試験を行い、製品が仕様に適合しているか否かを判定します。判定した結果、要求事項を満たしたものを適合品、満たさないものを不適合品といいます。検査には、個々の製品に対する検査や複数のまとまり（ロット）に対する検査があり、あらかじめ定めた「まとまりとしての基準」を満たしているものは合格、満たしていないものは不合格となります。

検査の段階の分類として、受入検査・購入検査、工程内検査・中間検査、最終検査・出荷検査があります。検査の仕方の分類では、対象全てを検査する全数検査、ロットからサンプルを抜き取ってロット全体の合否を判定する抜取検査、自らは測定せず提出された資料だけで合否を判定する無試験検査などがあります。また、検査には、長さ、重さ、性能、有効成分量など品質特性について計測機器を用いて計測するもの以外に、味覚、嗅覚、触覚、視覚、聴覚という人間の五感によって計測し判定する官能検査、また計測することによって対象物の機能を失わせる破壊検査など、さまざまな種類があります。

品質管理活動に関連する基本知識

QC
3級

イントロダクション

工程とプロセス

　製品は、市場調査、製品企画、設計、購買、製造、検査などの段階を通じて完成品になります。これらの段階を**プロセス**または**工程**といいます。プロセスを動かすためにはインプットが必要であり、プロセスの結果がアウトプットになります。

　製品やサービスはひとつのプロセスでできるものではなく、多くのプロセスからできているので、プロセスの順序や相互関係を考えて仕組みをつくる必要があります。なお、**自工程**との前後関係を考えて自工程より前に行われるものを**前工程**、後に行われるものを**後工程**といいます。自工程のアウトプットが後工程の要求事項を満たす活動を行うという基本的な考え方として、**後工程はお客様**というものがあります。

　なお、プロセスの要素には、**人**（Man）、**機械・設備**（Machine）、**原材料**（Material）、**方法**（Method）の4つ（4M）があります。

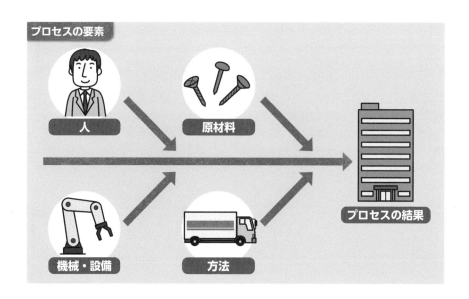

プロセスの要素

人　原材料

プロセスの結果

機械・設備　方法

事実とデータに基づく判断

　品質管理では、経験や勘に頼るのではなく、事実に基づく判断が重要視されます。

　事実に基づいて判断するためには、**母集団**から**サンプル**を抜き取り（＝サンプリング）、サンプルを測定し、データ（計量値または計数値）を得てそれを分析して母集団の推測・判定をします。ただし、データにはばらつきが含まれていることに注意が必要です。データ分析の基本的な手法には、平均値、中央値（メジアン）、範囲などがあります。

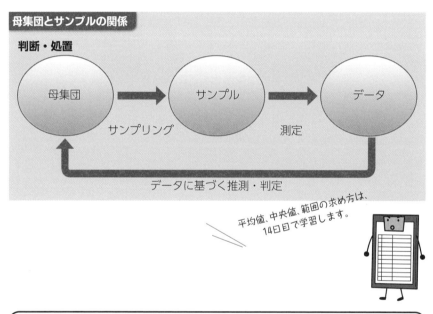

平均値、中央値、範囲の求め方は、
14日目で学習します。

QC七つ道具

　QC七つ道具には、**層別**、**パレート図**、**特性要因図**、**チェックシート**、**グラフ／管理図**、**ヒストグラム**、**散布図**があり、品質管理の維持活動と改善活動でよく使われます。

QC七つ道具については、
15日目、16日目、19日目で
詳しく学習します。

より良い製品づくりのための心構えと行動

報告・連絡・相談（ほう・れん・そう）

仕事を円滑に進めるための考え方として仕事の状況や結果を**報告**する、問題があれば迅速に**連絡**する、困りごとがあれば**相談**するという3つの要素があります。

5W1H

仕事を行う際には、**What**（対象）、**When**（日時・期間）、**Who**（人）、**Where**（場所・組織）、**Why**（目的・理由・背景）、**How**（方法・程度）を明確にして行動することが大切です。

三現主義と5ゲン主義

三現主義は、何か問題が発生し、職場で改善活動を進めようとする場合、**現場**で**現物**を見ながら**現実的**に検討する考え方のことです。また、三現主義に**原理**、**原則**を加え**5ゲン主義**と表現します。

マナー

組織を円滑に運営していくため、また、職場生活を充実したものにするために決められたルール（就業規則や安全衛生規則など）があり、これは遵守すべきものです。また明文化されていなくても暗黙の了解として守るべきものを**マナー**といい、以下のようなものがあります。

マナーの例

- ●社会人としての自覚をもつ
- ●時間を厳守する
- ●挨拶をする
- ●言葉遣いに気をつける
- ●きちんとした服装をする
- ●公私混同をしない
- ●整理・整頓をする
- ●環境に配慮する

5S

5S は、**整理**、**整頓**、**清掃**、**清潔**、**しつけ**の日本語のローマ字表記の頭文字をとったもので、仕事の基本を示したものです。

安全衛生の活動

安全なくして品質なしといわれるほど、職場での**安全衛生**は重要な要素です。安全に関する活動としては、**ヒヤリ・ハット活動**、**KY 活動**（危険予知活動）、**指差呼称**（指差し確認）などがあります。

安全衛生の例

ヒヤリ・ハット活動	KY活動	指差呼称
災害にはならなかったものの、ヒヤリとしたこと、ハッとしたことの対策も含め報告する	作業をする前に危険な箇所や行動を予知・予測し、未然防止を図る	対象物を指して「〇〇ヨシ！」と大きな声を出して確認する

QC的
ものの見方・
考え方①

１日目は品質管理の基本となる考え方を学びます。
顧客のニーズ・期待を第一に考え、
品質の高い製品・サービスを提供するための
原則に基づいて行動することが大切です。

重要度 ★★★

顧客のニーズ・期待をつかむ

マーケットイン

マーケットインとは、顧客・社会のニーズを定常的に把握し、これらを満たす製品・サービスを市場に適時提供していくことを優先するという考え方です。

マーケットに製品・サービスを投入し、競合他社との競争に勝ち抜くためには、製品・サービスを提供しようとしている**顧客のニーズ・期待**を適切に把握し、これらを満たす製品・サービスを提供していく必要があります。

顧客のニーズ・期待を満たすことができれば、ターゲットとした顧客に製品・サービスを購入してもらうことができます。このため企業では、図に示すように、顧客のニーズ・期待を調査・分析し、ニーズ・期待を満たす製品・サービスを開発し、提供する活動が行われています。

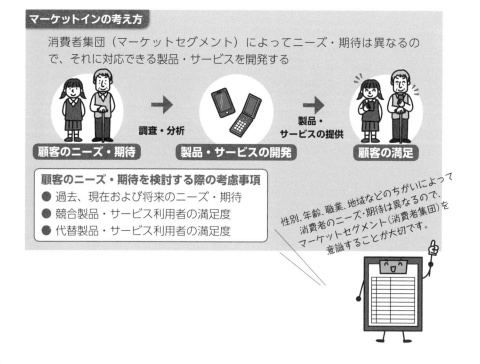

マーケットインの考え方

消費者集団（マーケットセグメント）によってニーズ・期待は異なるので、それに対応できる製品・サービスを開発する

顧客のニーズ・期待 → 調査・分析 → 製品・サービスの開発 → 製品・サービスの提供 → 顧客の満足

顧客のニーズ・期待を検討する際の考慮事項
● 過去、現在および将来のニーズ・期待
● 競合製品・サービス利用者の満足度
● 代替製品・サービス利用者の満足度

性別、年齢、職業、地域などのちがいによって消費者のニーズ・期待は異なるので、マーケットセグメント（消費者集団）を意識することが大切です。

プロダクトアウト

プロダクトアウトとは、**マーケットイン**とは逆の考え方で、顧客のニーズ・期待を重視しないで、提供者側（企業側）の保有技術や都合を優先して、製品・サービスを提供するという考え方です。

マーケットのことを意識しないで製品・サービスを提供すると、顧客の満足を得にくく、失敗の原因になることがあります。それゆえ、プロダクトアウトの考え方に陥らないよう、製品・サービスの企画にあたっては常にマーケットインの考え方で品質保証活動を実施することが大切です。

マーケットインとプロダクトアウトのちがい

マーケットイン	プロダクトアウト
● 顧客目線 ● 顧客のニーズ・期待を重視 ● 市場の要望に沿って、企画、設計、製造、販売を行う	● 企業目線 ● 企業側の保有技術や都合を優先 ● 大量生産して売りさばく

常にマーケットを意識して、製品・サービスの企画を行うことが成功のカギ	成熟したマーケットでは、製品・サービスが顧客に受け入れられなくなり、失敗することも

顧客の特定

顧客とは、製品・サービスを受け取る組織または人のことであり、実際に製品・サービスを購入している人という狭い意味だけではなく、潜在的な購入者やターゲットとしている購入者なども含みます。また、購入者だけでなく、使用者、利用者および消費者、また外部の組織・人だけでなく、組織内部の部門・人（後工程）も含みます。

したがって、顧客は誰か、どのようなニーズ・期待があるのかを十分検討し、顧客を特定したうえで、製品・サービスを企画することで、市場に受け入れられやすくなります。

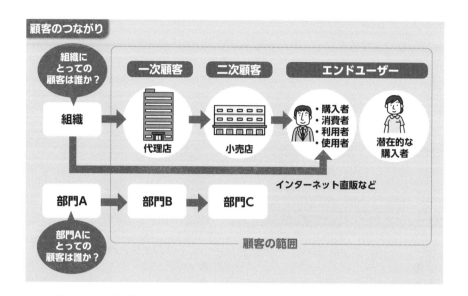

Win-Win

　Win-Winとは、顧客のニーズ・期待を満たした製品・サービスを提供し、顧客が製品・サービスを使用して効果を上げることができたと思われるような価値を提供することで、その結果として企業も利益を得られるという考え方です。

　顧客は自分にとって価値がある製品・サービスを選択する行動をします。つまり、企業が高い価値の製品・サービスを提供できれば販売が増加し、売上高や企業で働く人の満足が向上し、ひいては企業価値が高まります。

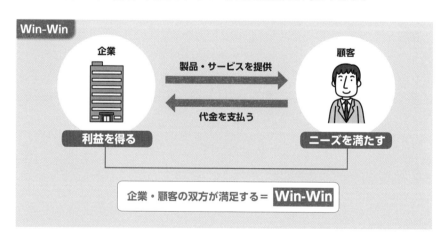

重要度 ★★★

品質第一の考え方

品質第一

品質第一とは、企業活動においては品質が一番重要であり、これを優先するということを示した考え方で、**品質優先**ともいいます。

顧客のニーズ・期待には、品質、コスト、量・納期に関するものがありますが、このなかでも特に品質が重要な要素であり、企業は顧客のニーズ・期待を満たすための品質保証活動を実施する必要があります。というのも、いくらコストが安くても購入してすぐ故障するような製品では顧客の信頼感は得られず、リピーター客を獲得できないからです。

提供する製品・サービスを望ましい状態に維持できるか、また、適切なコストで適切な時期に製品を市場に投入することができるかどうかは、各部署で行われている仕事の品質に左右されますので、常に品質第一の考え方で企業活動を行うことが重要です。

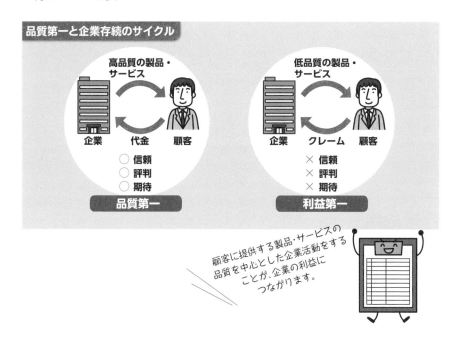

品質第一と企業存続のサイクル

高品質の製品・サービス

企業　代金　顧客

○ 信頼
○ 評判
○ 期待

品質第一

低品質の製品・サービス

企業　クレーム　顧客

× 信頼
× 評判
× 期待

利益第一

顧客に提供する製品・サービスの品質を中心とした企業活動をすることが、企業の利益につながります。

重要度 ★★

後工程はお客様

「後工程はお客様」という考え方

　後工程はお客様とは、自分の仕事の結果を受け取る相手はお客様であるという考え方であり、自工程の保証をすることです。

　通常、製品・サービスは複数の工程（プロセス）を経て提供されます。これらの工程のうち、自らが担当する**自工程**の前に行われる工程を**前工程**、後に行われる工程を**後工程**といいます。

　事前に後工程でのニーズ・期待を把握し、自工程では後工程に問題が発生しないようなプロセスを確立することで、後工程に対してアウトプットの保証を行うことが可能になります。

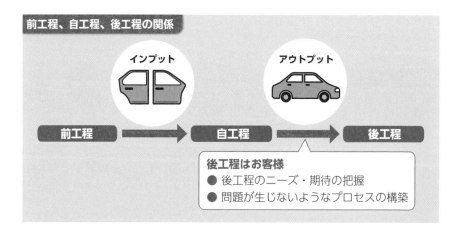

前工程、自工程、後工程の関係

インプット　　　　　アウトプット

前工程　→　自工程　→　後工程

後工程はお客様
● 後工程のニーズ・期待の把握
● 問題が生じないようなプロセスの構築

　この実践のためには、全ての後工程はお客様と考え、製品・サービス提供までの**価値連鎖**はどのようになっているかを品質保証体系図（→p.89）などで明確にすることが大切です。さらに、製品・サービスの特性が顧客にどのような価値を与え、それをどのように高めているかも考える必要があります。

　このような活動は、システムとして運営管理されることで、顧客のニーズ・期待に沿うという**顧客指向**につながります。

重要度 ★★★

プロセス重視の考え方

プロセスの重要性

　プロセス重視とは、プロセスのアウトプットの良し悪しは、プロセスの良し悪しで決まるという考え方です。

　プロセスとは、ISO 9000では、「**インプットを使用して意図した結果を生み出す、相互に関連する又は相互に作用する一連の活動**」と定義しています。

　プロセスを作動させるためには、前工程からのアウトプットをもとにプロセスを作動させるために必要な資源（人、設備、作業環境、知識、技術など）、活動（作業手順）、管理（仕事のコントロール方法）の３つの要素が必要です。

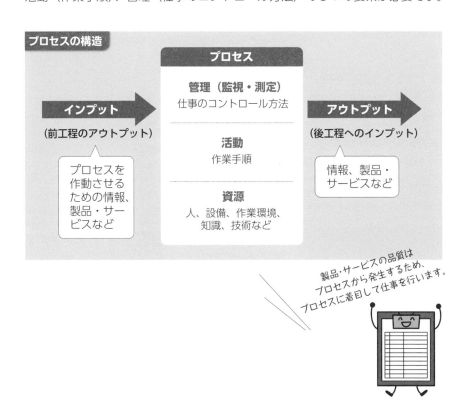

プロセスの構造

プロセス

管理（監視・測定）
仕事のコントロール方法

活動
作業手順

資源
人、設備、作業環境、
知識、技術など

インプット
（前工程のアウトプット）

プロセスを
作動させる
ための情報、
製品・サー
ビスなど

アウトプット
（後工程へのインプット）

情報、製品・
サービスなど

製品・サービスの品質は
プロセスから発生するため、
プロセスに着目して仕事を行います。

例えば、品質目標を達成できないということは、品質目標を達成するために実施しているプロセスに問題があるということなので、このプロセスを改善することが必要となります。

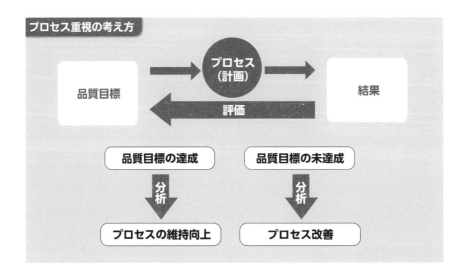

❶プロセスの問題の例

　製造工程で不具合が検出された場合には、不具合そのものだけをチェックするのではなく、その不具合をつくり込んだプロセスを明確にして、それを改善する必要があります。

　また、売上目標を達成できていない場合には、営業活動のプロセスを明確にして、その活動のどこに問題があるのか、または問題が潜んでいるのかを分析することが大切です。

❷システムの問題の例

　顧客満足度が目標に達していない場合、製品企画、設計開発、調達、製造、サポートなどからなる品質保証システムのどのプロセスが機能していないのかを抽出することが重要です。

　また、顧客満足度が目標に達している場合でも、たまたま満足度が向上したのか、新製品・サービスが顧客に受け入れられたのか、満足度調査の内容がプラス思考になるように設計されたのかなどを検討することが必要です。

重要度 ★★

特性と要因、因果関係

特　性

特性とは「**特徴付けている性質**」（ISO 9000）（そのものを識別するための性質）のことであり、次の種類があります。

特性の種類

- **物質的**　例　機械的、電気的、化学的、生物学的
- **感覚的**　例　嗅覚、触覚、味覚、視覚、聴覚などに関するもの
- **行動的**　例　礼儀正しさ、正直さ、誠実さ
- **時間的**　例　時間厳守の度合い、信頼性、アベイラビリティ、継続性
- **人間工学的**　例　生理学上の特性、人の安全に関するもの
- **機能的**　例　飛行機の最高速度

要　因

要因とは、ある現象を引き起こす可能性のあるもので、結果に影響を及ぼすと思われるものです。

これには、**人**(Man)、**機械・設備**(Machine)、**原材料**(Material)、**方法**(Method)、のような**4M**が要因として挙げられます。

因果関係

因果関係とは、要因と結果の関係を示したものであり、この代表的なものに特性要因図があります（→p.186）。

特性と要因の関係

重要度 ★★★

応急対策、再発防止、未然防止

応急対策

応急対策とは、原因が不明、あるいは原因は明らかだが何らかの制約で直接対策がとれない不適合、工程異常、またはその他の望ましくない事象に対して、これらに伴う損失をこれ以上大きくしないためにとる処置のことです。

再発防止

再発防止とは、「なぜ、問題が生じたのか」の原因を追究し、同じ原因で問題が再発しないように処置を行う活動です。

検出された不適合、工程異常、またはその他の検出された望ましくない事象について、その原因を除去し、同じ製品・サービス、プロセス、システムなどにおいて、同じ原因で再び問題を発生させないように対策をとります。

未然防止

未然防止とは、問題が顕在化していないものに対する処置を行う活動です。活動・作業の実施に伴って発生すると予想される問題を、あらかじめ計画段階で洗い出し、それに対する対策を講じておきます。

問題に対する処置

	処置	目的
応急対策	現象除去	損失を拡大させない
再発防止	原因の除去	同じ原因で問題を発生させない
未然防止	リスクへの対応	予想される問題を発生させない

重要度　★

源流管理、目的志向、QCD+PSME

源流管理

　源流管理とは、製品・サービスを生み出す一連のプロセスにおいて、可能な限り上流のプロセスを維持向上、改善および革新することで効果的かつ効率的に品質保証を達成する体系的な活動のことです。

　製品実現のプロセスの上流プロセスを管理することで、顧客の要求事項を満たす製品・サービスを提供することが可能になります。

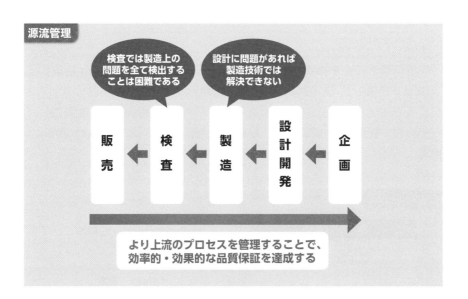

目的志向

　目的志向とは、仕事を行う際には、目的、すなわち、「何のために仕事をするのか」、「なぜこの仕事をしなければならないのか」を考えることです。目的志向で考え、行動することが、品質保証では重要になります。

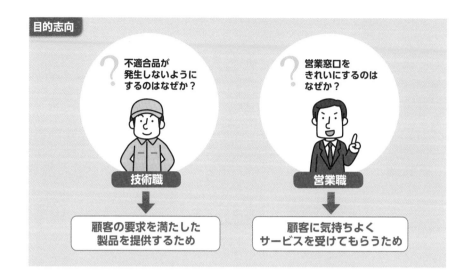

QCD+PSME

　品質管理を実施する際の重要な経営要素として、Q（Quality：品質）、C（Cost：コスト）、D（Delivery：量・納期）があります。これに加えて、経営活動を行うためには、従業員や職場のP（Productivity：生産性）、S（Safety：安全）、M（Morale, Moral：士気・倫理）、E（Environment：環境）に関する経営要素も考慮する必要があります。

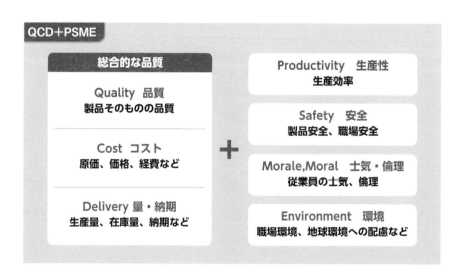

QC的ものの見方・考え方①　　理解度check

問1　QC的ものの見方・考え方に関する次の文章において、◯◯◯内に入る最も適切なものを選択肢からひとつ選べ。

① 顧客のニーズ・期待を重視しないで、提供側の保有技術や都合を優先して、製品・サービスを提供するという考え方のことを ((1)) という。

② 顧客は、製品・サービスを購入している人という狭い意味だけではなく、((2)) な購入者やターゲットとしている購入者なども含む。

③ プロセスとは、((3)) を使用して意図した結果を生み出す、相互に関連する又は相互に作用する一連の活動である。

④ なぜ、「問題が生じたのか」の原因を追究し、同じ原因で問題が発生しないように処置を行う活動を ((4)) という。

⑤ 品質管理を実施する際の重要な要素として、Q、C、Dがあり、これに加えて経営活動を行うためには、従業員や職場の、P、S、((5))、Eを考慮する必要がある。

> 【選択肢】
> ア．インプット　イ．マーケットイン　ウ．再発防止　エ．潜在的　オ．先進的　カ．未然防止　キ．M　ク．T　ケ．源流管理　コ．プロダクトアウト

問2　QC的ものの見方・考え方に関する次の文章で、正しいものには◯を、正しくないものには×を示せ。

① 製造・サービス提供の企画を行う際には、顧客のニーズ・期待を把握し、これを実現できるような活動を行うことが大切である。　((1))

② 製品・サービスに関する品質問題が発生した場合には、再度同じ問題が起きないようにする未然防止を実施する必要がある。　((2))

③ 製造工程で製品不良が多く出ているので、検査を厳しくすれば十分である。　((3))

④ ネジ締め作業の検査を行ったところ、ネジゆるみが検出された。この要因のひとつとして作業者の力量不足が考えられる。　((4))

⑤ 後工程はお客様とは、社内と社外を対象とした考え方である。　((5))

QC的ものの見方・考え方①

問1 **(1)** コ　　**(2)** エ　　**(3)** ア　　**(4)** ウ　　**(5)** キ

(1)　プロダクトアウトでは、顧客のニーズ・期待を満たす製品を提供することはできないので、マーケットインの考え方が重要（➡p.27）。

(2)　顧客には、製品・サービスを使用している人だけでなく、これから製品・サービスを購入する可能性のある潜在的な人も含まれる（➡p.27）。

(3)　プロセスを作動させるためには、前工程からのアウトプットであるインプットをもとに必要な資源、活動、管理の3つの要素が必要（➡p.31）。

(4)　問題に対する処置には、応急対策、再発防止、未然防止があり、未然防止は問題が顕在化していないものに対する処置を行う活動（➡p.34）。

(5)　P：生産性、S：安全、M（Morale, Moral）：士気・倫理、E：環境も大切（➡p.36）。

問2 **(1)** ○　　**(2)** ×　　**(3)** ×　　**(4)** ○　　**(5)** ○

(1)　顧客は、製品・サービスそのものを購入しているのではなく、そこに組み込まれている価値を購入するため、マーケットインという考え方が重要になる（➡p.26）。

(2)　発生した問題が同じ原因で再発しないように対策をとるのは、未然防止ではなく再発防止（➡p.34）。

(3)　製品不良の発生は、製造のプロセスに問題があるので、単に検査を厳しくしても低減できない。このため、どのプロセスが原因なのかを突き止めて対策をとる、プロセス重視の考え方をする必要がある（➡p.31）。

(4)　ネジゆるみが結果であり、その要因として、作業者の知識や技術不足、ネジ締めの治工具の不具合などが考えられる。因果関係に着目し、どのような要因が結果に影響を及ぼしたかを、特性要因図などで把握する（➡p.33）。

(5)　後工程はお客様とは、自工程のアウトプットを受け取る人はお客様という考え方で、後工程の要求事項を満たすような活動をするという考え方のこと（➡p.30）。

正解

10

QC的
ものの見方・
考え方②

品質管理の基本となる考え方の続きです。
全部門、全員参加で品質管理活動を行い、
顧客に品質の高い製品・サービスを提供するための
考え方について学びます。

重点指向と事実に基づく考え方

重点指向

重点指向とは、目的・目標の達成のために、**要因**が**結果**に及ぼす影響を予測・評価し、**優先順位の高い**項目に絞って取り組むという考え方です。

仕事の目標を決めるときに、多くの目標を策定してしまうと目標達成のための活動に適切な経営資源を投入することができなくなり、その結果として成果を上げることができなくなることもあります。それを防ぐために、重要な目標を絞り込むことによって経営資源を効果的に配分することができ、望ましい成果をあげることが可能となります。

このような活動を行うことが重点指向の考え方です。

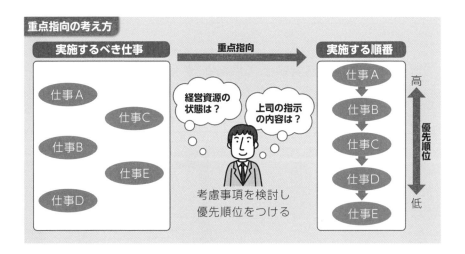

品質管理では、パレート図（→p.183）の考え方が重点指向をする際の手助けとなります。パレート図とは、問題の大きさなどを示した図のことで、パレート図を見て、どの問題から手を打つのかを明確にすることができます。

事実に基づく活動

事実に基づく活動とは、何か問題が発生したときやそれに対する処置を行う場合には、私たちがもっている**経験**や**勘**だけに頼るのではなく、**データ**や**観察結果**に基づいた活動を行うという考え方です。

事実とは、実際に起きたことや存在していることであり、現象として観測されたものです。したがって、事実に基づく考え方を行うときには、現実に観測された現象に基づいて検討し、結論を導き出す必要があり、憶測や推測を事実としてとらえてはなりません。

この考え方を定義したものとして、**ISO 9000**の品質マネジメントの原則のなかに、「**客観的事実に基づく意思決定**」があります。これは、データ・情報の分析・評価に基づく意思決定によって、望む結果が得られる可能性が高まるという考え方です。

意思決定は複雑なプロセスを経たり、主観的になったりする可能性があり、常に何らかの不確かさを伴います。意思決定する際には、さまざまな種類・情報源からのインプット、およびインプットに対する説明を含むことがありますが、これもまた主観的である可能性もあります。このため、因果関係の理解や起こり得る意図しない結果を認識することが重要で、客観的事実、根拠およびデータ分析は、意思決定の客観性および信頼性を高めることにつながります。

この考え方を踏まえることで次のような利点があります。

客観的事実に基づく意思決定の利点

- 意思決定プロセスの改善
- プロセスパフォーマンスの評価および目標の達成能力の改善
- 運用の有効性および効率の改善
- 意見および決定をレビューし、異議を唱え、変更するための能力の向上
- 過去の決定の有効性を実証する能力の向上

したがって、事実に基づく活動を行うには、次に示す行動をすることが大切です。

客観的事実に基づく意思決定を行うための行動

- 組織のパフォーマンスを示す主な指標を決定し、監視または測定すること
- 全ての必要なデータを、関連する人々が利用できる状態にすること
- データおよび情報が十分に正確で、信頼性があり、安全であることを確実にすること
- データおよび情報を、適切な方法を用いて分析し、評価すること
- 人々が必要に応じてデータを分析し、評価する力量をもつことを確実にすること
- 経験と勘とのバランスがとれた意思決定を行い、客観的事実に基づいた処置をとること

事実に基づくためには、
正確なデータと
それを分析・評価する力が
必要です。

三現主義

　三現主義とは、**現場**で、**現物**を見ながら、**現実的**に検討を進めることを重視する考え方です。

　物事の本質を見極めようとするときに大切なことは、「まず、現場に行って、現物を観察し、現実的に検討する」ことです。このような行動をとることで、どのような問題が発生しているのかをきちんと把握することができ、その後の対応の成果に大きな影響を与えます。

品質管理では**問題**の状況を、事実に基づき、データで客観的・定量的に把握し対応することを重視しています。不適合品は、一定の確率で起こる場合があります。不適合品が発生する場合と発生しない場合との条件の差を細かく観察してその**要因**を見つけ出し、その差を検証して**原因**を特定することが問題解決の基本となります。

問題・不適合品・クレームなどへの対応と三現主義

問題発生

原因は××に違いない。

問題の報告

社内のみで検討しない

現場に出向き、現物を見て、現実的に検討　＝　三現主義

問題・不適合品・クレームなどには三現主義で対応することが大切です。

　三現主義に**原理、原則**を加えて**５ゲン主義**という場合があります。これは、三現主義で問題の現状が把握できたとしても、問題解決が困難な場合があり、そのような場合に、原理、原則に照らして改善を進めるという考え方です。

重要度 ★★★

問題を可視化、顕在化する

見える化

　見える化とは、プロセスの状況などを誰もが理解できるように**可視化する**という考え方です。すなわち、問題や課題などを、さまざまな手段を使って明確にし、関係者全員で認識できる状態にすることです。

　問題の見える化の目的には、「事前に問題を起こさせないようにするため」と「問題が起きたときの解決のため」の２つがあります。また、手段には、写真、図表などのように視覚に訴えるものが多いですが、音、光などの方法もあります。

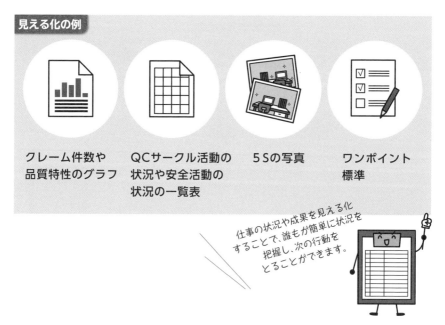

見える化の例

クレーム件数や
品質特性のグラフ

QCサークル活動の
状況や安全活動の
状況の一覧表

５Sの写真

ワンポイント
標準

仕事の状況や成果を見える化
することで、誰もが簡単に状況を
把握し、次の行動を
とることができます。

　見える化で重要なことは、その目的、対象、方法を十分に検討することです。このような検討をせずに、次から次へと見える化してしまうと形骸化しやすいので注意が必要です。

潜在トラブルの顕在化

　潜在トラブルの顕在化とは、潜在している（＝表面化していない）苦情や故障などを明らかにしていくという考え方です。

　商品にある問題が発生していても、顧客が仕方ないと考えて、その情報を組織に伝えなかった場合、トラブルは潜在化します。

　したがって、**再発防止**や**未然防止**を行う前に、報告されていない、表面化していない不具合、トラブル、苦情、クレームを**顕在化**させることが大切です。これにより、再発防止や未然防止を効果的・効率的に行うことができます。

　潜在トラブルの顕在化をするためには、顧客に提供している製品・サービスに対するアンケートや、顧客がどのように感じているかについての情報を収集し、これらの情報に基づいて検討し、製品・サービス、プロセス、システムへ反映させ、改善することが大切です。

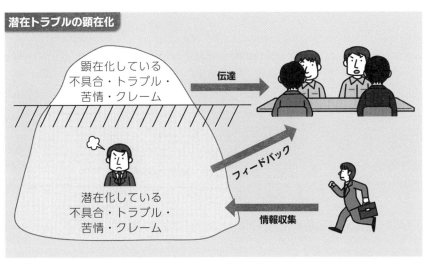

潜在トラブルの顕在化

顕在化している
不具合・トラブル・
苦情・クレーム

伝達

フィードバック

潜在化している
不具合・トラブル・
苦情・クレーム

情報収集

顧客の潜在化した不具合・トラブル・苦情・クレームを明らかにし、関連部門にその情報をフィードバックします。

ばらつきに注目する

2日目 20
QC的ものの
見方・考え方②

「ばらつきに注目する」という考え方

ばらつきとは、観測値・測定結果の大きさがそろっていないこと、または不ぞろいの程度のことをいいます。ばらつきの大きさを表すには、標準偏差（→p.177）などの統計的手法を用います。

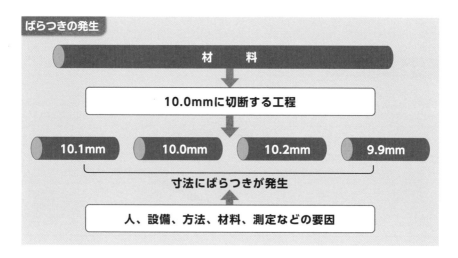

ばらつきの発生

材　料

↓

10.0mmに切断する工程

↓

10.1mm　　10.0mm　　10.2mm　　9.9mm

寸法にばらつきが発生

↓

人、設備、方法、材料、測定などの要因

ばらつきに注目する考え方とは、仕事のパフォーマンスにはばらつきがあり、これを評価し、問題への対応を行うという考え方です。

　生産した品質特性には必ずばらつきが存在します。ばらつきが大きい場合には重大な問題が発生する可能性があるので、ばらつきを最小限にするための品質保証活動を行うことが大切です。

　また、ばらつきは製品・サービスだけでなく、プロセスおよびシステムにも存在しているので、仕事のばらつきの状況を把握し、望ましいレベルに維持できるように改善活動を行うことが大切です。

重要度 ★★

全部門、全員参加で取り組む

全部門、全員参加

　全部門、全員参加とは、組織の全構成員が、組織における自らの役割を認識し、組織目標の達成のための活動に積極的に**参画**し、**寄与**するという考え方です。総合的品質管理では、経営層から職場第一線まで、一丸となって維持向上、改善および革新に取り組むことが不可欠であり、組織の全構成員が何らかの形で活動に加わることが求められています。

全構成員

- 経営層から部長、課長、係長、社員までの全階層
- 企画部、設計部、技術部、製造部、購買部、営業部、総務部などの全部門
- 派遣社員、パートタイマー、アルバイトなど
- 関係会社、仕入先、協力会社など

　全員参加の実現には、次の事項を実践することが大切です。

全員参加の実践

- **目標**およびその達成のために必要な役割と責任・権限について共通の理解が得られるようにする
- 全構成員一人ひとりが、自分の役割と貢献を認識できるようにする
- 全構成員に、**問題解決・課題達成**に取り組むことが各自の役割の一部であることを理解させる
- 部門間の障壁を取り除く
- 各人がもっている知識や経験を共有できるようにする
- **問題・課題**について**自由に議論**できるようにする

　全員参加のベースとなるのは、自己実現の欲求であり、構成員が仕事に熱意をもって参画することで、各人の目標を達成することが可能になります。そのためには、力量の向上、改善活動への参画などを行うことが大切です。

人間性を尊重し、 従業員満足を高める

人間性尊重

　人間性尊重とは、人間らしさを尊び、重んじ、一人ひとりが人間としてもっている特性を十分に発揮できるようにするという考え方です。

　そのためには、目的・目標を明確で納得できるものにし、それを十分に説明する、自主性・自立性を尊重する、具体的な仕事のやり方は各人を信頼して任せ各々の責任で実行できるようにする、責務・責任に応じた必要な資源・訓練・行動の自由をもてるようにする、組織への貢献を奨励し認めることなどが大切です。

従業員満足

　従業員満足とは、従業員が仕事を行う際に、自分の能力や職場の理想と現状が合致している程度のことです。

　従業員満足の情報を収集するために、従業員満足の調査を継続的に行い、業務環境に関する改善項目を抽出し、処置をします。

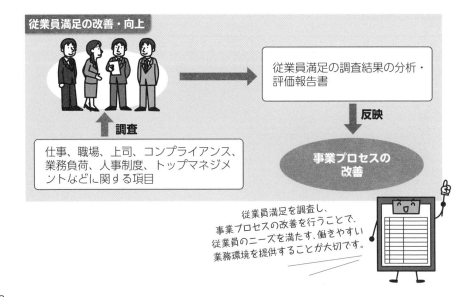

従業員満足の改善・向上

調査

仕事、職場、上司、コンプライアンス、業務負荷、人事制度、トップマネジメントなどに関する項目

従業員満足の調査結果の分析・評価報告書

反映

事業プロセスの改善

従業員満足を調査し、
事業プロセスの改善を行うことで、
従業員のニーズを満たす、働きやすい
業務環境を提供することが大切です。

QC的ものの見方・考え方②

理解度check

問1 QC的ものの見方・考え方に関する次の文章において、□内に入る最も適切なものを選択肢からひとつ選べ。

① 現場で、現物を見ながら、現実的に検討を進めることを重視する考え方のことを □ (1) □ という。

② □ (2) □ とは、目的・目標の達成のために、要因が結果に及ぼす影響を予測・評価し、□ (3) □ の高いものに絞って取り組むという考え方である。

③ □ (4) □ の顕在化をするためには、顧客に提供している製品・サービスに対して、顧客がどのように感じているかについての情報を収集することが大切である。

④ 何か問題が発生したときやそれに対する処置を行う場合には、経験や勘に頼るのではなく、□ (5) □ や観察結果に基づいた活動を行うことが大切である。

【選択肢】
ア．優先順位　イ．潜在トラブル　ウ．改善　エ．三現主義　オ．見える化
カ．人間性尊重　キ．重点指向　ク．ばらつき　ケ．不具合　コ．データ

問2 QC的ものの見方・考え方に関する次の文章において、正しいものには○を、正しくないものには×を示せ。

① 客観的事実に基づく意思決定を行うための行動のひとつに、データおよび情報を、適切な方法を用いて分析し、評価することがある。　□ (1) □

② 三現主義に原理、現象を加えて5ゲン主義ということがある。　□ (2) □

③ 問題の見える化の目的は、問題が起きたときの解決のためであり、事前に問題を起こさせないようにするためではない。　□ (3) □

④ 潜在している苦情や故障などを明らかにするため、潜在トラブルの顕在化が大切である。　□ (4) □

⑤ ばらつきの考え方は、プロセスについては適用できないので、製品・サービスの特性についてのみ考えることが大切である。　□ (5) □

QC的ものの見方・考え方②

問1 (1) エ　　(2) キ　　(3) ア　　(4) イ　　(5) コ

(1) 現場、現物、現実的の頭文字をとっているので三現主義（➡p.42）。

(2) 絞り込むという考え方なので重点指向（➡p.40）。

(3) 何から改善に取り組むかを決めるためには優先順位を決める（➡p.40）。

(4) 潜在トラブルとは、製品・サービスが要求事項を満たしていないが、問題が表面化していない状態のこと（➡p.45）。

(5) 事実に基づく活動では、事実に基づいたデータを収集することが必要（➡p.41）。

問2 (1) ○　　(2) ×　　(3) ×　　(4) ○　　(5) ×

(1) 事実に基づく活動を行うためには、データに基づいた判断が必要（➡p.41）。

(2) 5ゲン主義とは、三現主義に原理、原則を加えたもの（➡p.43）。

(3) 問題の見える化の目的は、事前に問題を起こさせないようにするためと問題が起きたときの解決のための2つがある（➡p.44）。

(4) 潜在トラブルには顧客のニーズ・期待に対する重要な情報が含まれているので、これを顕在化し、活用することが大切（➡p.45）。

(5) ばらつきは、製品・サービスだけでなく、プロセスやシステムにも存在しているので、これらのばらつきを評価して改善する必要がある（➡p.46）。

正解

10

品質の概念

「品質」や「質」と呼ばれるものには、
さまざまな定義があります。
ここでは、品質の基本となる
考え方・概念を学びます。

重要度 ★★★

品質とは

品質の定義

品質とは、「**対象に本来備わっている特性の集まりが、要求事項を満たす程度**」(ISO 9000) のことをいいます。製品・サービスは、顧客にその価値を提供するとともに、広い視点で見ると**社会**に貢献をしているともいえます。そのため製品・サービスを提供する際には、顧客のニーズだけでなく社会のニーズも考える必要があります。

また、品質は、「**製品・サービス、プロセス、システム、経営、組織風土など、関心の対象となるものが明示された、暗黙の、又は潜在しているニーズを満たす程度**」(JSQC-Std 00-001) のことで、製品・サービスに限定されたものではありません。製品・サービスは結果のことであり、プロセス、システム、経営、組織風土などはその結果を生み出す要因のひとつで、それぞれの品質が最終的な製品・サービスの品質に影響します。

このため、製品・サービスに関する品質の維持向上に着目した活動を行うだけではなく、それを生み出す仕組みについての維持向上も図ることが大切です。このように品質とは広くとらえることが重要な概念です。

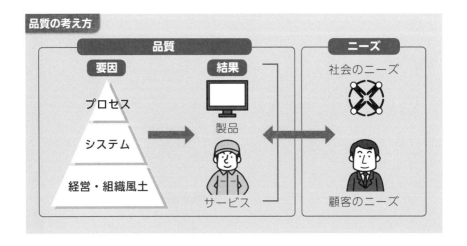

品質の考え方

要求品質と品質要素

❶ 要求品質

　要求品質とは、製品・サービスに対する要求事項のなかで、品質に関するものをいいます。要求品質を明確にするためには、面接やアンケート調査などを実施し、製品・サービスに対する顧客要求（顧客の声）を収集します。

要求品質の例

軽い

運びやすい

壊れにくい

注ぎやすい

可愛い

家庭菜園で使用する
じょうろが欲しい

顧客の声

❷ 品質要素

　品質要素とは、**品質**を構成しているさまざまな性質をその内容によって分解し、項目化したものです。機能、性能、意匠、感性品質、使用性、互換性、入手性、経済性、信頼性、安全性、環境保全性などがあり、これをさらに詳細なレベルに分解することができます。

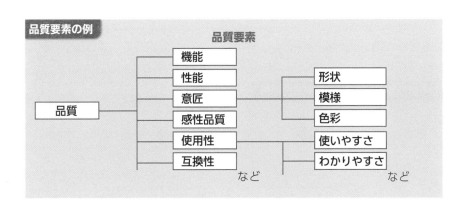

品質要素の例

品質要素

品質 ─ 機能／性能／意匠／感性品質／使用性／互換性　など
意匠 ─ 形状／模様／色彩
使用性 ─ 使いやすさ／わかりやすさ　など

ねらいの品質とできばえの品質

❶ ねらいの品質

　ねらいの品質とは、顧客・社会のニーズと、それを満たすことを目指して計画した製品・サービスの品質要素、品質特性および品質水準との合致の程度のことであり、設計品質ともいいます。

　ねらいの品質では、製品・サービスとして満たすべき項目（要求品質）とその目標値を企画段階で決め、これに基づき設計段階で品質特性を決めます。

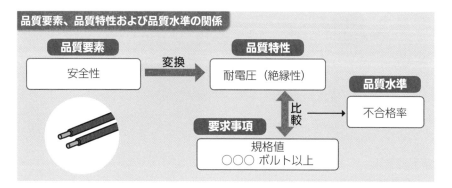

❷ できばえの品質

　できばえの品質とは、計画した製品・サービスの品質要素、品質特性および品質水準と、それを満たすことを目指して実現した製品・サービスとの合致の程度のことであり、製造・サービス提供品質ともいいます。

　できばえの品質を確保するためには、プロセス保証、標準化、日常管理などを行うことが大切です。

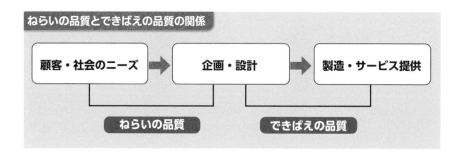

品質特性と品質要素

品質特性と代用特性

❶ 品質特性

　品質特性とは、品質要素を客観的に評価するための性質であり、定量的・定性的、連続・非連続なものです。これは抽象的な表現である品質要素を具体的に測定できる表現にしたもので、製品・サービスの設計・開発のアウトプットである仕様書に記載されるものです。

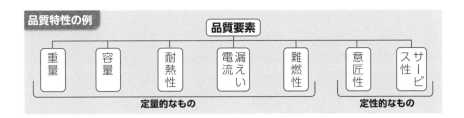

品質特性の例

品質要素

| 重量 | 容量 | 耐熱性 | 漏え電流い | 難燃性 | 意匠性 | サービス性 |

定量的なもの　　　　　　　　　　　定性的なもの

❷ 代用特性

　代用特性とは、要求される品質特性を直接測定できない場合、同等または近似の評価として用いる他の品質特性のことです。品質特性のなかには、測定や評価に時間やコストがかかるものもあるので、その品質特性と関係が強い品質特性を測定し、代用することがあります。また、人の感性評価の結果を物理化学的な測定値で代用する場合も、代用特性といいます。

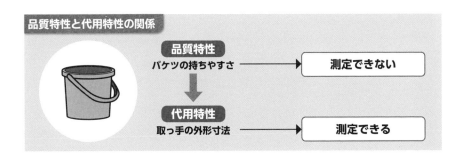

品質特性と代用特性の関係

品質特性
バケツの持ちやすさ　→　測定できない

代用特性
取っ手の外形寸法　→　測定できる

当たり前品質、魅力的品質、一元的品質

❶ 当たり前品質

　当たり前品質とは、物理的に充足されても当たり前と受け取られますが、不充足であれば不満を引き起こす品質要素のことです。

❷ 魅力的品質

　魅力的品質とは、物理的に充足されれば満足を与えますが、不充足であっても仕方がないと受け取られる品質要素のことです。

❸ 一元的品質

　当たり前品質と魅力的品質以外に、充足されれば満足を与え、不充足であれば不満を引き起こす品質要素があり、これは**一元的品質**と呼ばれています。

　ある品質要素は、魅力的品質から一元的品質を経て当たり前品質への経緯をたどるのが一般的です。近年では、市場ニーズの変化が速く、多様化しており、魅力的品質から当たり前品質への移行期間が短くなってきています。それに応じた新製品・サービスの開発が大切です。

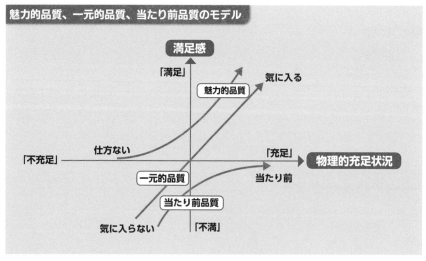

（出典：狩野紀昭、瀬楽信彦、髙橋文夫、辻新一「魅力的品質と当たり前品質」『品質』Vol.14、No2、1984）

重要度 ★

サービスの品質と仕事の品質

サービスの品質

サービスとは、「**組織と顧客との間で必ず実行される、少なくとも一つの活動を伴う組織のアウトプット**」（ISO 9000）のことであり、一般にそれは無形なものです。

サービスの品質が悪いと、苦情・クレームにつながり、顧客が離れていく原因になりますので、サービスを担当する人への適切な教育が大切です。

サービスの提供の例

● 顧客支給の有形の製品（例 修理される車）に対して行う活動
● 顧客支給の無形の製品（例 納税申告に必要な収支情報）に対して行う活動
● 無形の製品の提供（例 知識伝達という意味での情報提供）
● 顧客のための雰囲気づくり（例 ホテル内、レストラン内）

仕事の品質

仕事の品質とは、プロセスを運営管理するときに用いられる考え方です。日常的な仕事の目標を達成し、間違いがないアウトプットを出すことで仕事の品質を高めることができます。

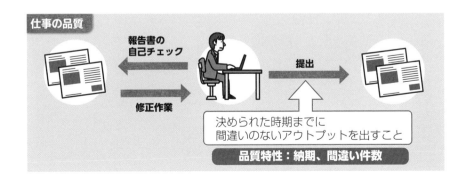

仕事の品質

報告書の自己チェック

修正作業

提出

決められた時期までに間違いのないアウトプットを出すこと

品質特性：納期、間違い件数

社会的品質

3日目
20
品質の概念

社会的品質

　社会的品質とは、製品・サービスまたはその提供プロセスが**第三者**（供給者と購入者・使用者以外の不特定多数）のニーズを満たす程度のことであり、品質要素のひとつです。

　社会的品質には、製品・サービスの使用・存在が第三者に与える影響と製品・サービスの提供プロセスが第三者に与える影響があります。

　第三者のニーズのうち、法令・規制要求事項などで定められているものは**社会的要求事項**であり、この社会的要求事項を満たすことは、最低限の社会的品質を満たすことです。

　なお、社会的品質は**社会的責任**（Social Responsibility）の一部ですが、商取引に関する法令の遵守、安定的な雇用、環境保全のための植林などを行うことは、社会的責任のうち社会的活動にあたるため、社会的品質には含めないことが一般的です。

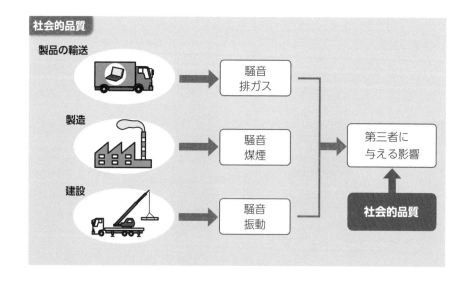

顧客満足と顧客価値

顧客満足

顧客満足とは、「**顧客の期待が満たされている程度に関する顧客の受け止め方**」(ISO 9000) のことです。

顧客の苦情は、顧客満足が低いことの一般的な指標ですが、顧客の苦情がないことが必ずしも顧客満足が高いことを意味してはいません。なぜならば、製品・サービスに満足していない場合でも企業に伝えないことがあるからです。また、顧客要求事項が顧客と合意され、満たされている場合でも、それが必ずしも顧客満足が高いことを保証するものでもありません。

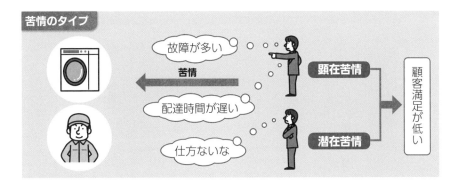

苦情のタイプ

故障が多い

苦情

配達時間が遅い

仕方ないな

顕在苦情

潜在苦情

顧客満足が低い

顧客満足を高めるためには、顧客の期待を超えたり、顧客の潜在ニーズに合った製品・サービスを提供したりすることで、非常に高い満足を与えられるような活動を行うことが必要です。

顧客満足を把握するためには、まず、組織が提供する製品・サービス、プロセス、システムに対してどのような顧客のニーズ・期待があるのかを整理し、それらをどの程度満たしているかを調査します。顧客満足に関する情報は、顧客満足度調査、提供した製品の品質に関する顧客からの苦情・賛辞、ユーザー意見調査、失注分析、補償請求およびディーラー報告のような有効な情報源などから収集します。

59

顧客価値

　顧客価値とは、製品・サービスを通して、顧客が認識する価値のことであり、この価値には、現在は認識されていなくても、将来認識される可能性がある価値も含まれます。

　組織は、顧客のニーズ・期待を明確にし、それを満たした製品・サービスを提供し続けることで顧客価値を向上することができます。これを達成するために効果的で効率的なマネジメントシステムを構築し、運営管理することが大切です。顧客価値を満たす製品・サービスを提供するための改善活動を行うことによって顧客価値が向上し、その結果として企業価値が向上し、組織の**持続的成功**につながります。

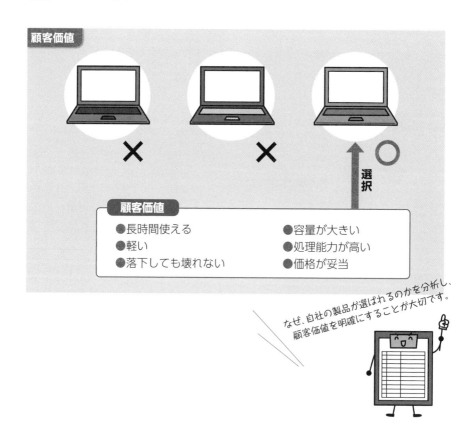

問1 **品質の概念に関する次の文章において、▭内に入る最も適切なものを選択肢からひとつ選べ。**

① 製品・サービスは、顧客にその価値を提供するとともに、広い視点で見ると ▭(1)▭ に貢献をしているともいえる。

② 要求品質を明確にするためには、アンケート調査などを実施し、製品・サービスに対する ▭(2)▭ を収集する必要がある。

③ ねらいの品質とは、製品・サービスの ▭(3)▭ 、品質特性および品質水準との合致の程度のことである。

④ 物理的に充足されれば満足を与え、不充足であっても仕方がないと受け取られる品質要素のことを ▭(4)▭ という。

⑤ 顧客の期待が満たされている程度に関する顧客の受け止め方を ▭(5)▭ という。

> 【選択肢】
> ア．顧客の声　イ．当たり前品質　ウ．ねらいの品質　エ．顧客価値
> オ．品質要素　カ．魅力的品質　キ．社会　ク．顧客満足　ケ．品質水準
> コ．代用特性

問2 **品質の概念に関する次の文章で、正しいものには○を、正しくないものには×を示せ。**

① 社会的品質とは、製品・サービスまたはその提供プロセスが第三者のニーズを満たす程度のことであり、品質要素のひとつである。 ▭(1)▭

② ねらいの品質は企画・設計部門、できばえの品質は製造・サービス提供部門で考慮すべき品質である。 ▭(2)▭

③ 品質特性は、全て定量的なもので表せる。 ▭(3)▭

④ 顧客の苦情は、顧客満足が低いことの一般的な指標であるが、苦情がないことが必ずしも顧客満足が高いことを意味してはいない。 ▭(4)▭

品質の概念

解答解説

問1 (1) キ　　(2) ア　　(3) オ　　(4) カ　　(5) ク

(1) 製品・サービスを提供する際には、顧客のニーズだけでなく、社会のニーズも考える必要がある（**⊃**p.52）。

(2) 要求品質は顧客の声をもとに明確にする（**⊃**p.53）。

(3) 品質要素とは、品質を構成しているさまざまな性質をその内容によって分解し、項目化したもの（**⊃**p.53、54）。

(4) 品質要素は、魅力的品質から一元的品質を経て、当たり前品質への経緯をたどるのが一般的（**⊃**p.56）。

(5) 顧客満足の程度を表す指標として顧客満足度がある（**⊃**p.59）。

問2 (1) ○　　(2) ○　　(3) ×　　(4) ○

(1) 社会的品質には、製品・サービスの使用・存在が第三者に与える影響と製品・サービスの提供プロセスが第三者に与える影響がある（**⊃**p.58）。

(2) ねらいの品質は設計品質、できばえの品質は製造・サービス提供品質ともいう（**⊃**p.54）。

(3) 人間の感覚などで評価する定性的なものも対象になる（**⊃**p.55）。

(4) 潜在苦情が存在する場合がある（**⊃**p.59）。

正解

9

管理の方法①

品質管理の基本について学びます。
日常業務が適切に機能するように
PDCAサイクルと**SDCAサイクル**を回して、
パフォーマンスの維持向上を図ることが大切です。

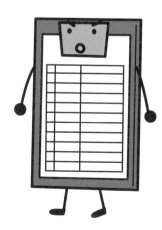

維持と管理の考え方

4日目
20
管理の方法①

維持と管理

維持とは、あるレベルを維持するための管理方法であり、目標を現状または
その延長線上に設定し、目標から外れないように、外れた場合にはすぐに元に
戻せるように管理します。維持には、現状よりも良い結果を得ることができる
ようにする活動も含まれており、これは**維持向上**ともいいます。

したがって、ある目標を達成しなかった場合には、目標を達成するように問
題点を検出し、原因を追究し、再発防止を行うことでパフォーマンスを向上さ
せることができます。

管理とは、経営の目標に沿って、人、物、金、情報などさまざまな資源を最
適に計画し、運用し、継続的かつ効率的に目的を達成するための活動であり、
維持向上、**改善**および**革新**を含んでいます。

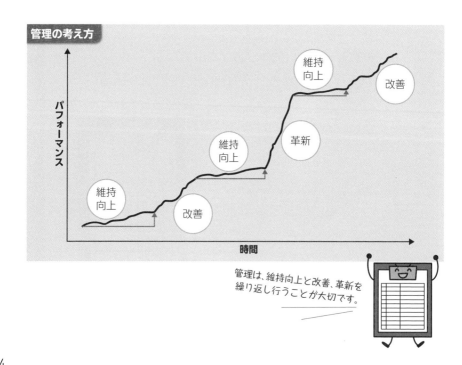

管理の考え方

管理は、維持向上と改善、革新を
繰り返し行うことが大切です。

PDCA、SDCA、PDCAS

PDCA

PDCAとは、**計画**（Plan）、**実施**（Do）、**点検**（Check）、**処置**（Act）のサイクルを確実かつ継続的に回すことによって、プロセスまたはシステムの改善やレベルアップを図るという考え方です。これは、PDCAサイクル、管理のサイクル、または管理のサークルともいいます。例えば、年度経営目標を達成するためには、日常業務で常にPDCAサイクルを回して活動することが大切です。

PDCAの考え方

Plan（計画）	システムおよびそのプロセスの目標を設定し、顧客要求事項および組織の方針に沿った結果を出すために必要な資源を用意し、リスクおよび機会を特定し、計画を立てる
Do（実施）	計画されたことを実行する
Check(点検)	方針、目標、要求事項および計画した活動に照らして、プロセス並びにその結果としての製品・サービスのパフォーマンスが測定可能な場合には、必ず測定し、その結果を報告する
Act（処置）	パフォーマンスを改善するための処置をとる

PDCAのサイクルと目標達成

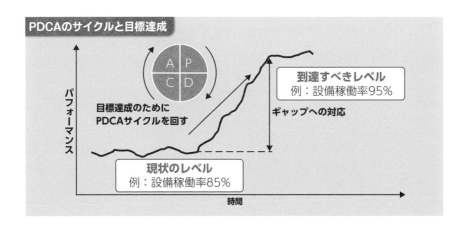

SDCA

SDCAとは、**標準化**（Standardize）、**実施**（Do）、**点検**（Check）、**処置**（Act）のサイクルを確実かつ継続的に回すことによって、プロセスまたはシステムの**維持向上**を図るという考え方です。

SDCAの考え方

Standardize (標準化)	作業標準とは仕事を行うための計画であり、これらの仕事が効果的かつ効率的になるような手順を明確化することである。このため、実施すべき作業を作業者が理解でき、そのとおりに作業ができる計画になっている必要がある
Do（実施）	作業者に作業方法の**教育・訓練**を行い、作業者が決められた手順どおりに作業を日常的に実施する
Check(点検)	仕事の結果が意図する状態、すなわちSの段階で計画したとおりに活動を行っているか、または仕事の結果が目標に到達しているか否か**監視・測定**を行い、評価する。チェックは評価すべきパフォーマンス指標について、定期的な管理周期（例：毎日、週1回、月1回）で評価し、その結果を記録する
Act（処置）	仕事の結果が目標に到達していなかった場合には、応急対策または再発防止を行う。または、このままの結果で継続して仕事を行うと何らかの問題が発生する可能性がある場合は、事前に問題が発生しないように未然防止を行う

SDCAのサイクルとプロセス・システムの維持向上❶

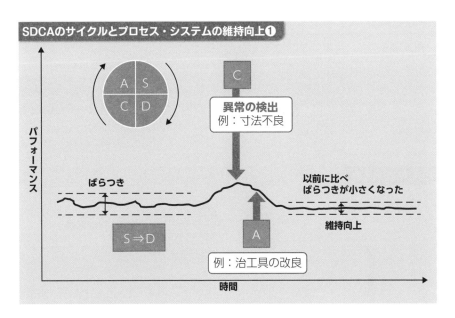

SDCAのサイクルとプロセス・システムの維持向上❷

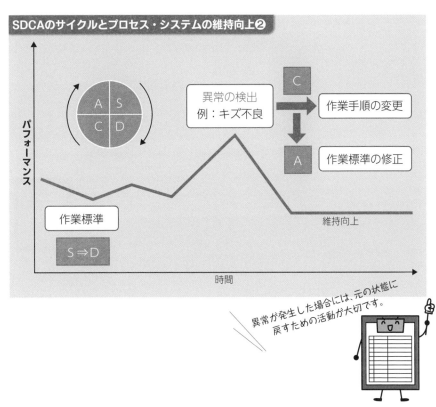

異常が発生した場合には、元の状態に
戻すための活動が大切です。

67

PDCAS

　PDCASとは、仕事を改善した後はその標準化を行うという考え方です。

　PDCAで改善が行われた際には、標準化を行うことで改善内容を忘れたり、無効化したりしないようにすることが必要です。これは、計画（Plan）、実施（Do）、点検（Check）、処置（Act）、標準化（Standardize）という形態になります。

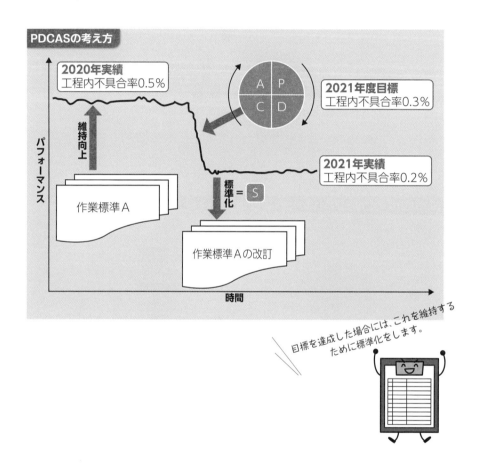

PDCASの考え方

2020年実績
工程内不具合率0.5％

維持向上

2021年度目標
工程内不具合率0.3％

2021年実績
工程内不具合率0.2％

パフォーマンス

作業標準Ａ

標準化 = S

作業標準Ａの改訂

時間

目標を達成した場合には、これを維持するために標準化をします。

継続的改善

　継続的改善とは、製品・サービス、プロセス、システムなどについて、目標を現状より高い水準に設定して、**問題**または**課題**を特定し、問題解決または課題達成を繰り返し行う活動のことです。なお、ISO 9000では、「**パフォーマンスを向上するために繰り返し行われる活動**」と定義しています。

　継続的改善を行うためには、維持向上と改善、革新を繰り返すことが大切です。顧客およびその他の利害関係者の要求事項は、事業環境に伴って常に変化するので、これに対応するために、現状のパフォーマンスレベルに満足するのではなく、一歩進んだ新たな目標を設定し、これを達成するための活動を繰り返していきます。

　継続的改善を実施する際には、**PDCA**と**SDCA**の考え方を用います。

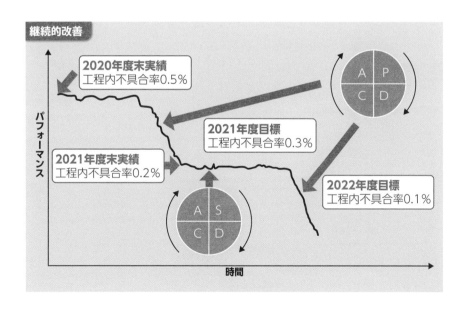

継続的改善

2020年度末実績
工程内不具合率0.5％

2021年度目標
工程内不具合率0.3％

2021年度末実績
工程内不具合率0.2％

2022年度目標
工程内不具合率0.1％

パフォーマンス

時間

重要度　★★

問題と課題

問題と課題

　問題とは、設定してある目標と現実との、対策して克服する必要のある**差（ギャップ）**のことです。例えば、年度目標と実績との差が問題として挙げられます。

　課題とは、設定しようとする目標と現実との、対策を必要とする差（ギャップ）のことです。例えば、今年度達成したいという目標に対して現在実施している方法ではなく、新たな対策で埋める必要のある差は課題になります。

　また、差（ギャップ）が小さいものに対しては、現在のプロセスや仕組みを一部改善することで克服できるので、問題と呼びます。一方、目標と現実とのギャップが大きいまたは達成するのに時間がかかるなど、これに対する改善の結果として、新しいプロセスの構築や新たな仕組みをつくる場合を課題と呼ぶことがあります。

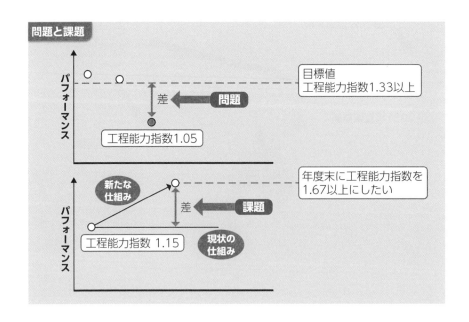

問題と課題

問1 管理の方法に関する次の文章において、 ⬚ 内に入る最も適切なものを選択肢からひとつ選べ。

① 目標を現状またはその延長線上に設定し、目標から外れないように、外れた場合にはすぐに元に戻せるようにする活動を ⬚(1) という。

② 今年度の品質目標が設定されたので、 ⬚(2) サイクルを回して目標達成のための活動を運営管理することにした。

③ SDCAのサイクルにおいて、点検では、Sの段階で計画したとおりに活動を行っているか、または仕事の結果が目標に到達しているか否か ⬚(3) を行い、評価する。

④ 設定してある目標と現実との、対策して克服する必要のある差（ギャップ）のことを ⬚(4) という。

⑤ PDCAにおける計画では、システムおよびそのプロセスの目標を設定し、顧客要求事項および組織の方針に沿った結果を出すために必要な資源を用意し、 ⬚(5) および機会を特定し、計画を立てることが必要である。

【選択肢】
ア．監視・測定　イ．処置　ウ．維持　エ．SDCA　オ．問題　カ．課題
キ．PDCA　ク．リスク　ケ．革新　コ．対応

問2 管理の方法に関する次の文章において、正しいものには○を、正しくないものには×を示せ。

① 管理とは、経営の目標に沿って、人、物、金、情報などさまざまな資源を最適に計画し、運用し、継続的に目的を達成するための活動であるので、効率性は考える必要はない。

⬚(1)

② SDCAとは、製品・サービスの品質特性の向上を図るという考え方である。

⬚(2)

③ PDCASとは、仕事を改善した後はその標準化を行うという考え方である。

⬚(3)

④ 継続的改善を実施するには、PDCAの考え方が必要であり、SDCAは考える必要はない。

⬚(4)

⑤ 課題を達成するためには、目標とのギャップを埋めるため、現在実施しているプロセスではなく、新たなプロセスを構築する必要がある。

⬚(5)

管理の方法① 解答解説

問1 **(1)** ウ **(2)** キ **(3)** ア **(4)** オ **(5)** ク

(1) 維持とは狭い意味での管理のこと（➡p.64）。

(2) 事業計画に関する目標を達成するための管理活動をPDCAという（➡p.65）。

(3) 点検するためには、パフォーマンスを把握する必要があるで、監視・測定が必要（➡p.66）。

(4) すでに設定してある目標との差が問題、設定しようとしている目標との差が課題（➡p.70）。

(5) 計画の段階でリスクおよび機会を抽出し、その対応を行うことが大切（➡p.65）。

問2 **(1)** × **(2)** × **(3)** ○ **(4)** × **(5)** ○

(1) 管理では、継続的かつ効率的に目的を達成する活動を行う必要がある。このため、維持向上、改善および革新を繰り返す活動が必要（➡p.64）。

(2) SDCAのSは標準化なので、これはプロセスまたはシステムの維持向上を図るという考え方（➡p.66）。

(3) PDCASのSは標準化のこと（➡p.68）。

(4) 継続的改善とは、維持向上、改善、維持向上、改善を繰り返し行うことであり、PDCAとSDCAの考え方が必要（➡p.69）。

(5) 課題とは、設定しようとする目標と現実との、対策を必要とする差（ギャップ）のこと（➡p.70）。

正解

10

管理の方法②

引き続き、品質管理の基本について学びます。
品質の改善を効果的で効率的に行うための
問題解決型QCストーリーと課題達成型QCストーリー
を学習しましょう。

重要度 ★★★

問題解決型QC ストーリー とは

問題解決型QCストーリー

　問題解決型QCストーリーとは、問題に対する、原因の特定、対策、確認という一連の活動を行う型のことで、改善活動をデータに基づき論理的・科学的に進め、効果的かつ効率的に行うための基本的な手順のことです。

　決められた手順で作業を実施し、プロセスを管理していても、何らかの原因で、目標が達成できない場合があります。このような場合には改善を行う必要がありますが、その際、改善を行う人の経験や勘、度胸などに頼ると失敗する可能性があります。このような失敗をしないためには、改善を推進するための仕組みを理解し、これに沿った活動を行うことが大切です。この手順を示したものが問題解決型QCストーリーです。

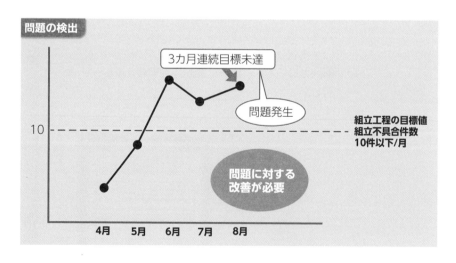

　問題解決型QCストーリーは、次の表に示す**8つのステップ**に基づいて行うことで効率的に改善活動を推進できます。また、問題解決の結果は、改善の知識を蓄積するため、改善報告書としてまとめておきます。

問題解決型QCストーリーとその着目点

ステップ	着目点
【1】テーマの選定	・なぜ、この問題を取り上げたのか ・どのような管理特性を問題とするのか ・そのテーマは仕事のなかで一番重要なものか ・対象とするプロセスは明確か
【2】現状の把握と目標の設定	[現状の把握] ・過去のデータはあるか ・データの履歴（サンプリング方法、測定方法、5W1H）などはわかっているか ・今までの状況を綿密に調べたか ・ヒストグラム、グラフ、管理図、パレート図などに示したか ・特性値は明確か [目標の設定] ・目標達成時期はいつか ・期待利益はどのくらいか
【3】要因の解析	・結果と要因の関係はどのようになっているか ・特性要因図を活用しているか ・なぜなぜ分析を行っているか
【4】対策の立案	・対策の内容と解析結果の結び付けはうまくいっているか ・再発防止対策か、単なる手直し処理かの区別は明確か ・いくつかの対策案を比較検討したか ・実施評価の基準（効果および時期）は明確か ・対策の実行計画書を作成したか
【5】対策の実施	・対策を実施しているか
【6】効果の確認	・効果は、対策前後が比較できるような特性になっているか ・効果は予測と合っているか ・対策ができなかった場合、その理由を明らかにし、再度調査・解析する必要はないか ・副次的効果を把握しているか
【7】標準化と管理の定着	・プロセスの標準の制定・改訂を行ったか
【8】反省と今後の対応	・改善活動の推進上の問題点を明確にしているか ・残された問題が明確になっているか

5日目 管理の方法②

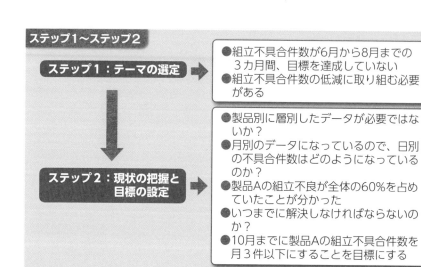

ステップ1～ステップ2

ステップ1：テーマの選定

- ●組立不具合件数が6月から8月までの３カ月間、目標を達成していない
- ●組立不具合件数の低減に取り組む必要がある

ステップ2：現状の把握と目標の設定

- ●製品別に層別したデータが必要ではないか？
- ●月別のデータになっているので、日別の不具合件数はどのようになっているのか？
- ●製品Aの組立不良が全体の60％を占めていたことが分かった
- ●いつまでに解決しなければならないのか？
- ●10月までに製品Aの組立不具合件数を月３件以下にすることを目標にする

詳細な分析が大切です。

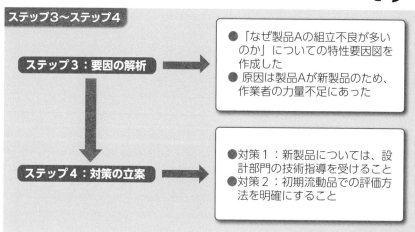

ステップ3～ステップ4

ステップ3：要因の解析

- ●「なぜ製品Aの組立不良が多いのか」についての特性要因図を作成した
- ●原因は製品Aが新製品のため、作業者の力量不足にあった

ステップ4：対策の立案

- ●対策１：新製品については、設計部門の技術指導を受けること
- ●対策２：初期流動品での評価方法を明確にすること

原因と対策の関係を明確にします。

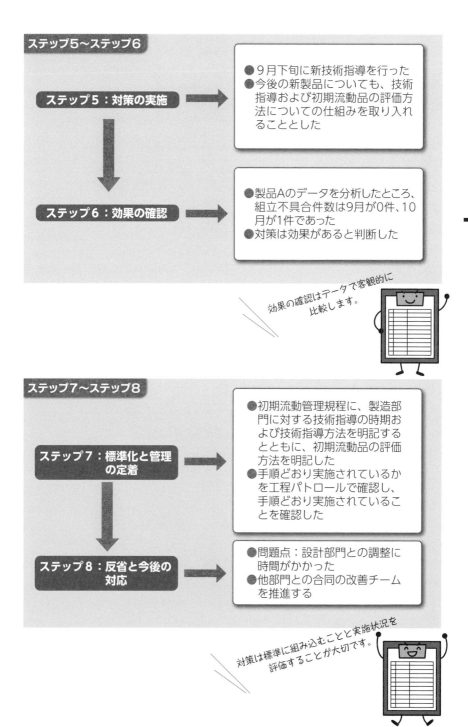

ステップ5～ステップ6

ステップ5：対策の実施 ➡
- ●9月下旬に新技術指導を行った
- ●今後の新製品についても、技術指導および初期流動品の評価方法についての仕組みを取り入れることとした

ステップ6：効果の確認 ➡
- ●製品Aのデータを分析したところ、組立不具合件数は9月が0件、10月が1件であった
- ●対策は効果があると判断した

効果の確認はデータで客観的に
比較します。

ステップ7～ステップ8

ステップ7：標準化と管理の定着 ➡
- ●初期流動管理規程に、製造部門に対する技術指導の時期および技術指導方法を明記するとともに、初期流動品の評価方法を明記した
- ●手順どおり実施されているかを工程パトロールで確認し、手順どおり実施されていることを確認した

ステップ8：反省と今後の対応 ➡
- ●問題点：設計部門との調整に時間がかかった
- ●他部門との合同の改善チームを推進する

対策は標準に組み込むことと実施状況を
評価することが大切です。

重要度 ★

課題達成型QC ストーリー とは

課題達成型QCストーリー

　課題達成型QCストーリーとは、課題に対して、**新たな目標を設定し、その目標を達成する**ためのプロセスやシステムを構築し、その運用によって目標を達成するという一連の活動を行う型のことで、データに基づいて論理的・科学的に進め、効果的かつ効率的に行うための基本的な手順のことです。

　課題達成型QCストーリーは、課題を解決するための基本的な改善の手順を示したものであり、次に示す**8つのステップ**に基づいて行うことで効果的で効率的に改善活動を推進することができます。

課題達成型QCストーリー

> **ステップ1：テーマの選定**
>
> ↓
>
> **ステップ2：課題の明確化と目標の設定**
>
> ↓
>
> **ステップ3：方策の立案**
>
> ↓
>
> **ステップ4：成功のシナリオ（最適策）の追究**
>
> ↓
>
> **ステップ5：成功のシナリオ（最適策）の実施**
>
> ↓
>
> **ステップ6：効果の確認**
>
> ↓
>
> **ステップ7：標準化と管理の定着**
>
> ↓
>
> **ステップ8：反省と今後の検討**

問1 QCストーリーに関する次の文章において、 □ 内に入る最も適切なものを選択肢からひとつ選べ。

① 問題解決型QCストーリーとは、問題に対する、 (1) の特定、対策、確認という一連の活動を行う型のことである。

② 問題解決型QCストーリーでは、現状の把握と (2) の設定を行う必要がある。

③ 問題解決型QCストーリーにおける対策の立案では、実施評価の (3) は明確になっているかに着目する必要がある。

④ 問題解決型QCストーリーにおける標準化と管理の定着では、 (4) の標準の制定・改訂を行ったかということに着目する必要がある。

⑤ 課題達成型QCストーリーでは、テーマの選定の後に、 (5) の明確化と目標の設定を行う。

【選択肢】
ア．成功　イ．基準　ウ．要因　エ．原因　オ．成功のシナリオ　カ．効果
キ．目標　ク．課題　ケ．プロセス　コ．標準化

問2 問題解決型QCストーリーに関する次の文章で、正しいものには○を、正しくないものには×を示せ。

① テーマの選定に当たっては、品質、コスト、納期、安全などに関する問題点から抽出する。 (1)

② 現状の把握のステップでは、結果系の問題の把握よりも、なぜ悪いのかに踏み込んで問題を扱うことが大切である。 (2)

③ 要因の解析のステップでは、単に要因を抽出するのみでなく、どの要因が結果に影響を与えているのかを検証することが大切である。 (3)

④ 効果の確認のステップでは、あらかじめ設定した目標と比較する。したがって、対策によって発生した副次的効果が悪い影響となって表れても、評価する必要はない。 (4)

問1 (1) **エ** (2) **キ** (3) **イ** (4) **ケ** (5) **ク**

(1) 問題を引き起こしている多くの要因の中から原因を特定 (➲p.74)。

(2) 問題解決型QCストーリーでは、改善すべき目標の設定が必要 (➲p.75)。

(3) 対策は色々な方法があるのでこれを評価するための基準（効果および時期）が必要 (➲p.75)。

(4) 標準化の対象はプロセス (➲p.75)。

(5) 課題達成型QCストーリーとは、課題に対して新たな目標を設定し、その目標を達成するためのプロセスやシステムを構築し、その運用によって目標を達成するという一連の活動 (➲p.78)。

問2 (1) **○** (2) **×** (3) **○** (4) **×**

(1) 現状の把握では、いつ、どこで、どのような問題を引き起こしているかを詳細に検討する (➲p.75)。

(2) なぜ悪いのかは要因の解析のステップで行う (➲p.75)。

(3) 結果と要因の関係を事実に基づいて検証することで、それらの関係性が証明できる (➲p.75)。

(4) 効果の確認では、目標が達成したとしても、他のプロセスに悪影響を及ぼしていないかを確認することが大切 (➲p.75)。

正解

9

新製品・
サービス開発①

新製品・サービス開発の基本について学びます。
新製品・サービス開発における**品質保証の考え方**には
どのようなものがあるか確認しましょう。

新製品・サービス開発

新製品・サービス開発

　組織が競争に打ち勝って競争優位になるためには、時宜を得た**新製品・サービス開発**を行い、いち早く市場に提供することが大切です。市場のニーズの変化に対応するためには、これを満たす新製品・サービスを開発し続けるプロセスを確立し、**顧客価値**の向上に努める必要があります。

　新製品・サービス開発には次に示す特徴があるので、これを考慮したプロセスやシステムを構築することが求められます。

新製品・サービス開発の特徴

● **対象が目に見えない**
　新製品・サービス開発におけるマネジメントの対象は「情報」や「ソフトウェア」が中心であり、可視化（見える化）の努力をしないと目に見えるかたちにならない

● **繰り返しがない**
　提供プロセスにおいては同じものを繰り返して製造・提供するが、設計においてはまったく同じ製品・サービスを二度開発することはない

● **多くの部門が関係する**
　新製品・サービス開発にかかわる部門は、マーケティング、企画、設計、生産技術、製造・提供、購買、品質保証、販売・サービスなどあらゆる部門であり、本質的に**部門横断的な活動**であるため、**開発プロセス**と**提供プロセス**を効果的で効率的に運営管理することが重要である

なお、新製品・サービスにかかわる活動には、新製品・サービスの企画・設計、提供プロセスの計画・設計、提供プロセスの実施、初期流動管理、開発後の新製品・サービス開発プロセスやシステムの見直しなどが含まれます。

　このため、新製品・サービス開発にかかわる活動を効果的かつ効率的に行うためのプロセスやシステムを定め、維持向上と改善や革新を行い、次の新製品・サービス開発に活かす一連の活動を行うことが大切であり、これらの活動を**新製品・サービス開発管理**といいます。

　この新製品・サービス開発管理の目的は、顧客・社会のニーズの充足と組織のもっているシーズ（技術、ノウハウなど）の開発・活用を同時に達成することです。

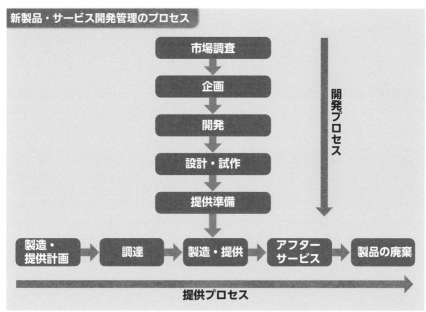

新製品・サービス開発管理のプロセス

市場調査

企画

開発

設計・試作

提供準備

開発プロセス

製造・提供計画 → 調達 → 製造・提供 → アフターサービス → 製品の廃棄

提供プロセス

関連部門が協力して活動することが大切です。

重要度 ★

結果の保証と
プロセスによる保証

品質保証

品質保証とは、「**顧客・社会のニーズを満たすことを確実にし、確認し、実証するために、組織が行う体系的活動**」（JSQC-Std 00-001）のことです。

確実・確認・実証

● **確実にする**……顧客・社会のニーズを把握し、それに合った製品・サービスを企画・設計し、これを提供できるプロセスを確立する活動のこと

● **確認する**………顧客・社会のニーズが満たされているかどうかを継続的に評価・把握し、満たされていない場合には迅速な応急対策およびまたは再発防止対策をとる活動のこと

● **実証する**………どのようなニーズを満たすのかを顧客・社会との約束として明文化し、それが守られていることを証拠で示し、信頼感・安心感を与える活動のこと

　顧客が満足する製品・サービスを提供し続けるための品質保証を行う際には、組織内のプロセスにかかわる各部門の全ての要員が顧客に焦点を当てた品質保証活動を行うことが重要です。

　このように、品質保証には製品・サービスの特性の保証をすることだけではなく、プロセスの質に関することも含まれています。したがって、品質保証の対象は、製品・サービスのプロセス、およびシステムが該当します。

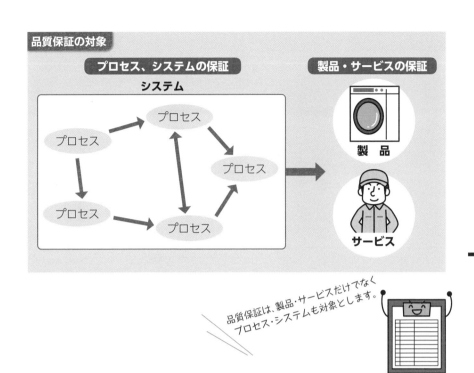

品質保証の対象

プロセス、システムの保証

システム

プロセス

プロセス

プロセス

プロセス

プロセス

製品・サービスの保証

製 品

サービス

品質保証は、製品・サービスだけでなく
プロセス・システムも対象とします。

プロセス保証

　プロセス保証とは、「**プロセスのアウトプットが要求される基準を満たすことを確実にする一連の活動**」（JSQC-Std 21-001）のことです。

　プロセスとは、インプットを使用して意図した結果を生み出す、相互に関連するまたは相互に作用する一連の活動のことであり、意図した結果には、情報、製品・サービスなどが含まれます。また、プロセスには、単一のプロセスと2つ以上の相互に関連するまたは作用するプロセス全体をひとつのプロセスということがあります。

　プロセス保証を行うためには、プロセスについて、部品・材料・情報などのインプット、人・設備・技術・ノウハウなどの経営資源、および作業に関する手順を規定し、そのとおり実施できるように教育・訓練し、プロセスを実施し、そのアウトプットを検査などで確認し、問題があれば処置をする必要があります。

　プロセスを細かく分解して、それぞれのプロセスに対してこれらの活動を適用することは、効果的なプロセス保証につながります。

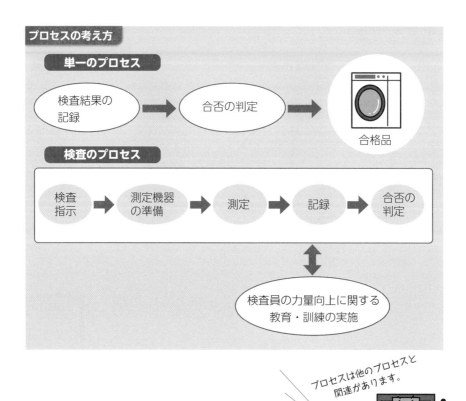

プロセスは他のプロセスと
関連があります。

保証と補償

　製品・サービスを提供するプロセスでは、**保証**という言葉が使われることがあり、例えば、品質保証、保証書、品質保証確約書、保証の網という使い方があります。保証とは、間違いがない、大丈夫であると認め、責任をもつことです。

　一方、**補償**とは、製品・サービスを提供した後で、損害や出費を金銭などで補い償うことで、製品・サービスの提供者が起因で購入者・使用者に損害を与えた場合に発生します。製造物責任問題で組織に問題があると判断された場合には、該当者に対する損害補償を行うことになります。

　このような補償に関する事案が発生した場合には、裁判で争われることが多く、裁判に負けると膨大な費用請求が発生することがあります。このため、組織では、発生費用を避けるために損害保険に加入し、リスクを低減する方法をとっています。

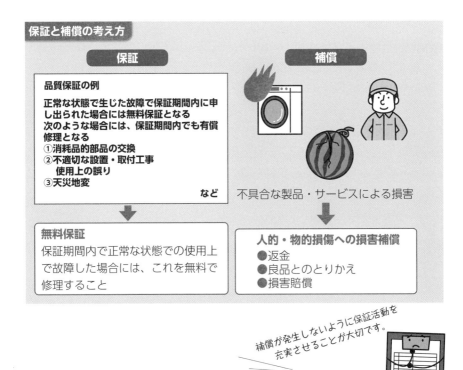

保証と補償の考え方

保証

品質保証の例
正常な状態で生じた故障で保証期間内に申し出られた場合には無料保証となる
次のような場合には、保証期間内でも有償修理となる
①消耗品的部品の交換
②不適切な設置・取付工事
　　使用上の誤り
③天災地変
　　　　　　　　　　　など

↓

無料保証
保証期間内で正常な状態での使用上で故障した場合には、これを無料で修理すること

補償

不具合な製品・サービスによる損害

↓

人的・物的損傷への損害補償
●返金
●良品とのとりかえ
●損害賠償

補償が発生しないように保証活動を充実させることが大切です。

品質保証体系図

　品質保証体系図とは、マーケティングから販売、アフターサービスにいたるまでの開発ステップを縦軸にとり、品質保証に関連する設計、製造、販売、品質管理などの部門を横軸にとって、製品が企画されてから顧客に使用されるまでのステップの、どの段階でどの部門が品質保証に関する活動を行うのかを示したものです。

　品質保証体系図を作成する目的は次のとおりです。

❶ 顧客に対する信頼感の確保

　品質保証活動を明確にすることで顧客への信頼感を高めることができます。

❷ 品質保証活動の設計

　品質保証に関わる関係者と品質保証のプロセスとの関係を明確にすることで効果的で効率的な運営管理方法を設計できます。

❸ 問題発生時の迅速な対応

　製品・サービスに問題が発生した場合には、どの部門、どのステップがその要因になり得るのかを明確することが可能になります。

　品質保証体系図の作成の際、縦軸には、マーケティング・研究開発、製品企画、試作計画・試作試験、工程設計、生産準備・生産、販売・サービス、および監査に関する機能などを、横軸には、市場・お客様や組織の各部門、および品質保証のためのコミュニケーションとしての会議体や各プロセスを実行するために必要な標準類も明記します。

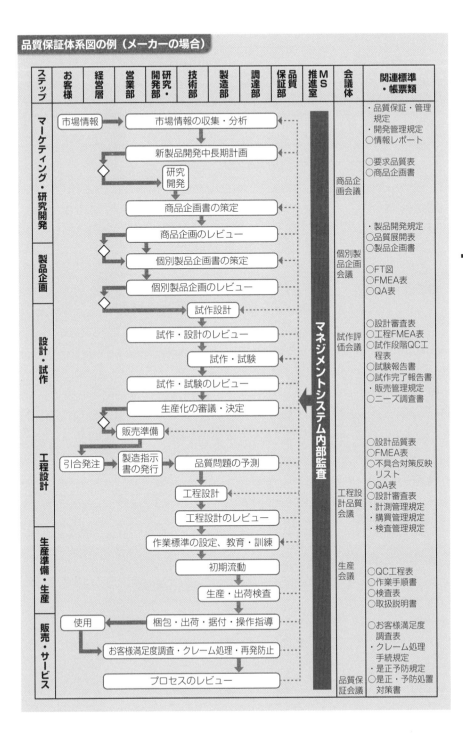

品質保証体系図の例（メーカーの場合）

ステップ	お客様	経営層	営業部	研究・開発部	技術部	製造部	調達部	品質保証部	MS推進室	会議体	関連標準・帳票類
マーケティング・研究開発	市場情報		市場情報の収集・分析						マネジメントシステム内部監査	商品企画会議	・品質保証・管理規定 ・開発管理規定 ○情報レポート
			新製品開発中長期計画								○要求品質表 ○商品企画書
				研究開発							
			商品企画書の策定								
製品企画			商品企画のレビュー							個別製品企画会議	・製品開発規定 ○品質展開表 ○製品企画書
			個別製品企画書の策定								
			個別製品企画のレビュー								○FT図 ○FMEA表 ○QA表
設計・試作					試作設計					試作評価会議	○設計審査表 ○工程FMEA表 ○試作段階QC工程表
					試作・設計のレビュー						○試験報告書 ○試作完了報告書 ・販売管理規定 ○ニーズ調査書
					試作・試験						
					試作・試験のレビュー						
			生産化の審議・決定								
工程設計			販売準備							工程設計品質会議	○設計品質表 ○FMEA表 ○不具合対策反映リスト ○QA表 ○設計審査表 ・計測管理規定 ・購買管理規定 ・検査管理規定
	引合発注		製造指示書の発行	品質問題の予測							
				工程設計							
				工程設計のレビュー							
生産準備・生産				作業標準の設定、教育・訓練						生産会議	○QC工程表 ○作業手順書 ○検査表 ○取扱説明書
				初期流動							
				生産・出荷検査							
販売・サービス	使用			梱包・出荷・据付・操作指導						品質保証会議	○お客様満足度調査表 ・クレーム処理手続規定 ・是正予防規定 ○是正・予防処置対策書
			お客様満足度調査・クレーム処理・再発防止								
			プロセスのレビュー								

品質機能展開

品質機能展開とは、製品・サービスに対する品質目標を実現するために、さまざまな変換（要素を次元の異なる要素に、対応関係をつけて置き換える操作）および展開（要素を順次変換の繰り返しによって、必要とする特性を定める操作）を用いる方法論のことであり、これには、**品質展開**、**技術展開**、**コスト展開**、**信頼性展開**および**業務機能展開**が含まれます。品質機能展開は、製品・サービスの設計や工程の設計に活用されます。

❶ 品質展開

要求品質を品質特性に変換し、製品の設計品質を定め、各機能部品、個々の構成部品の品質、および工程の要素に展開する方法です。

❷ 技術展開

設計品質を実現する機能が、現状考えられる機能で達成できるか検討し、ボトルネック技術（設計の進行の妨げとなる技術）を抽出する方法です。組織が保有する技術自体を展開することを技術展開と呼ぶこともあります。

❸ コスト展開

目標コストを要求品質または機能に応じて配分することによって、コスト低減またはコスト上の問題点を抽出する方法です。

❹ 信頼性展開

要求品質に対し、信頼性上の保証項目を明確化する方法で、信頼性設計に活用できます。

❺ 業務機能展開

品質を形成する業務を階層的に分析して明確化する方法で、作業標準の作成にも活用できます。

新製品・サービス開発①　　　理解度check

問1 新製品・サービス開発に関する次の文章において、〔　　〕内に入る最も適切なものを選択肢からひとつ選べ。

① 顧客価値を高め、市場のニーズの変化に対応するために〔 (1) 〕に関するプロセスを確立し、顧客価値の向上に努める必要がある。

② 品質保証とは、顧客・社会のニーズを満たすことを確実にし、確認し、〔 (2) 〕するために、組織が行う体系的活動のことである。

③ プロセスとは、インプットを使用して意図した結果を生み出す、相互に関連するまたは相互に〔 (3) 〕一連の活動のことである。

④ 問題発生時に迅速な対応を行うために、品質保証を体系的に可視化できるよう〔 (4) 〕を作成することが効果的である。

⑤ 品質機能展開には、品質展開、技術展開、コスト展開、信頼性展開および〔 (5) 〕が含まれている。

> 【選択肢】
> ア．実証　イ．評価　ウ．機能展開図　エ．品質保証体系図　オ．業務機能展開　カ．品質特性展開　キ．作用する　ク．つながる　ケ．新製品・サービス開発　コ．商品企画

問2 新製品・サービス開発に関する次の文章において、正しいものには○を、正しくないものには×を示せ。

① 開発プロセスには、市場調査、企画、開発、設計・試作、提供準備の活動が含まれる。〔 (1) 〕

② 顧客が満足する製品・サービスを提供し続けるための品質保証を行う際には、品質保証部門だけが、顧客に焦点を当てた品質保証活動を行えば十分である。〔 (2) 〕

③ プロセス保証とは、プロセスのアウトプットが要求される基準を満たすことを確実にする一連の活動のことである。〔 (3) 〕

④ 品質保証体系図は、顧客に対する信頼感の確保には役立たない。〔 (4) 〕

⑤ 品質機能展開とは、製品・サービスに対する品質目標を実現するためにさまざまな変換および展開を用いる方法論のことである〔 (5) 〕

新製品・サービス開発①

解答解説

問1 (1) ケ　　(2) ア　　(3) キ　　(4) エ　　(5) オ

(1)　新製品・サービス開発は、顧客価値を高めることにつながる（**➡**p.82）。

(2)　品質保証では、どのようなニーズを満たすのかを顧客・社会との約束として明文化し、それが守られていることを証拠で示し、信頼感・安心感を与えるという実証の活動が必要（**➡**p.84）。

(3)　プロセスはつながっている。相互に作用するとは、お互いに力を及ぼして影響を与えること（**➡**p.85）。

(4)　記述は品質保証体系図の特徴を示したもの（**➡**p.88）。

(5)　業務機能展開は、作業標準を作成する際にも活用できる（**➡**p.90）。

問2 (1) ○　　(2) ×　　(3) ○　　(4) ×　　(5) ○

(1)　新製品・サービス開発管理では、開発プロセスと提供プロセスの活動が必要（**➡**p.83）。

(2)　品質保証活動は、品質保証部門だけが行うのではなく、全ての部門において品質保証活動を行うことが必要（**➡**p.84）。

(3)　プロセス保証のためには、プロセスのアウトプットに対する基準を明確にしなければ、検査などで確認することができない（**➡**p.85）。

(4)　品質保証活動を明確にすることで顧客への信頼感を高めることができる（**➡**p.88）。

(5)　品質機能展開は、製品・サービスの設計や工程の設計に活用される（**➡**p.90）。

正解

10

7日目
20

新製品・サービス開発②

引き続き**新製品・サービス開発**の
基本について学びます。
新製品・サービス開発における品質保証の
考え方を理解することが大切です。

重要度 ★

7日目
20
新製品・サービス開発②

DRとトラブル予測

DRとトラブル予測

❶ DR

DR（デザインレビュー） とは、設計活動の適切な段階で必要な知見をもった人々が集まり、そのアウトプットを評価し、改善すべき事項を提案し、次の段階への移行の可否を確認・決定する**組織的活動**のことです。

DRの対象には、製品・サービスの設計だけでなく、生産・輸送・据付・使用・保全などの**プロセスの設計**も含まれます。また、アウトプットを評価する際には、アウトプットそのものを確認するだけでなく、設計のプロセスを確認することもあります。

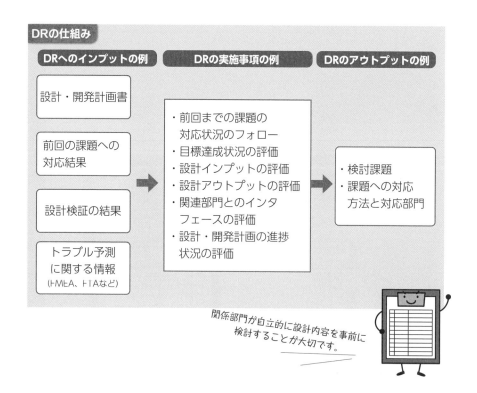

DRの仕組み

DRへのインプットの例	DRの実施事項の例	DRのアウトプットの例
設計・開発計画書	・前回までの課題の 　対応状況のフォロー ・目標達成状況の評価 ・設計インプットの評価 ・設計アウトプットの評価 ・関連部門とのインタ 　フェースの評価 ・設計・開発計画の進捗 　状況の評価	・検討課題 ・課題への対応 　方法と対応部門
前回の課題への 対応結果		
設計検証の結果		
トラブル予測 に関する情報 （FMEA、FTAなど）		

関係部門が自立的に設計内容を事前に
検討することが大切です。

- DRは、設計プロセスやその結果を評価するために行うことから、その仕組みを構築することで効果的で効率的に運営管理できる
- DRは、製品・サービスまたはプロセスの設計の進展に伴って、構想設計、基本設計、詳細設計など各プロセスの完了後に行う
- DRの参加者は、レビューする設計内容およびレビューの目的に適した各部門の知識・技能をもった人を選定する。この参加者には、営業、企画、研究開発、設計、生産技術、購買、製造、生産管理、品質保証、アフターサービスなどの知見をもった人が含まれる
- DRは、次に示す事項を評価し、問題点を検出し、これに関する改善の方向性を明確にする
  ―採用技術、メカニズム、方法論は適切か
  ―過去のトラブルが反映されているか
  ―設計の方法（設計標準およびその遵守、FMEAなどの手法の活用）が適切か
  ―検討すべき事項の漏れはないか

7
日目

新製品・サービス開発②

❷ トラブル予測

　トラブル予測とは、プロセスにおける**5M1E**（Man：人、Machine：機械・設備、Material：原材料、Method：方法、Measurement：検査・測定、Environment：環境）の標準・基準からの逸脱、および標準・基準に定められていない部分の変化の可能性を洗い出し、それらに伴う影響を評価する活動です。洗い出して評価すべきものとしては、人の意図しないエラーや意図的な不遵守、設備の劣化や故障、部品・材料の仕様からの逸脱、およびそれらによって引き起こされる不適合な製品・サービス、クレーム、事故の発生などがあります。設計におけるトラブル予測手順として、次に示すFMEAがあります。

FMEA

　FMEA（Failure Mode and Effects Analysis：故障モード・影響解析）とは、新製品開発で使用される**信頼性設計およびプロセス設計に用いられる**手法です。設計段階での部品・ユニットやプロセスに障害を引き起こす要因となる不具合（**故障モード**）を予想し、問題の発生を事前に防ぐことを目的とします。

名称 (Assy、 Sub-Assy 部品)	機能	故障 モード	故障モード の上位・他 システムへ の影響	故障モードの 重要度				故障の原因	勧告是正処置	担当部署
				発生頻度	影響度	検知難易度	重要度			
プラグ	外部電源から電池への充電	プラグ破損	充電機能の喪失	3	3	1	9	プラグ不良	強度計算の実施	設計
電池	モーター駆動の動力源	液漏れ	髭剃り機能の低下	2	4	1	8	長時間の不使用	取扱い説明書による適正な使用方法の喚起	設計
制御器	充電・モーター回転制御	髭剃り刃の回転異常	髭剃り機能の低下	3	4	2	24	充電制御器の故障	限界試験の実施	品質保証

FTA

FTA（Fault Tree Analysis：故障の木解析）とは、論理記号（**論理ゲート**）と事象記号を用いながら、故障発生の経緯をさかのぼって、逐次下位レベルの樹形図（**FT図**）に展開し、発生経路および発生原因、発生確率を解析することによって、故障や事故などの信頼性または安全性上、好ましくない事象が発生するメカニズムを解明する手法です。

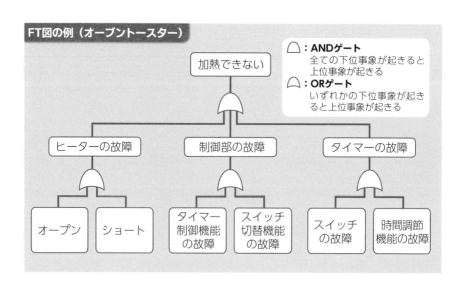

FT図の例（オーブントースター）

重要度 ★

品質保証のプロセスと保証の網

品質保証のプロセス

　製品・サービスの**品質保証**を行うためには、マーケティング、研究開発、企画、設計・開発（製品・サービスと生産プロセス）、購買、製造およびサービス提供、検査・試験、販売、顧客サポートなどのプロセスを効果的で効率よく運営管理する必要があります。

　それぞれのプロセスを保証するためには、これらのプロセスへのインプット、プロセスを実施するための**資源**、プロセスの**実施**、プロセスの**パフォーマンスの監視・測定**、およびプロセスからの**アウトプット**が計画どおりに結果が出ているかを評価することが大切です。

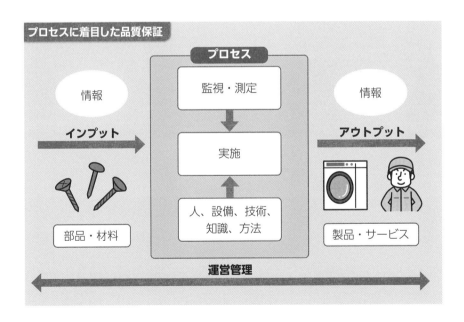

プロセスに着目した品質保証

　保証の網（**QAネットワーク**）とは、縦軸に発見すべき不適合（または不具合）、横軸にプロセスをとって**マトリックス**をつくり、表中の対応するセルに、**発生防止**と**流出防止**の観点からどのような対策がとられているか、それらの有効性（発生防止水準、流出防止水準）を記入するとともに、それぞれの不適合についての重要度、目標とする保証度、マトリックスより求めた現在の**保証度**を示した表のことです。

保証の網の例

プロセス ＼ 発見すべき不適合		外部委託先				社内				保証度		改善事項		改善の保証度
		ケーブル端末処理	コネクタ組付け	ケーブル配線	出荷検査	受入検査	ユニット組付け	性能試験	出荷検査	目標	現状	内容	期限	
ケーブル端末処理	寸法不良	①②								A	A			
	芯線切断	①②								A	A			
コネクタ組付け	コネクタ違い		②②							A	B	‥	11/10	A
	芯線箇所違い		③③							B	D	拡大鏡設置	11/10	B
ケーブル配線	配線箇所違い			②③						B	C	‥	11/20	B
	配線ルート違い			②③						B	C	‥	11/20	B
出荷検査	検査項目漏れ					①②								
	検査方法違い					②②								
受入検査	検査項目漏れ													
	検査方法違い													
ユニット組付け	ネジ違い					②③								
	ネジ潰れ						②②							
	締付け不良						①①							
・・・	・・													

＊○は対応する不具合の発生防止水準を、◇は流出防止水準を示している。

　保証の網を作成することで、それぞれの不適合の発生防止と後工程への流出防止に関する重要なプロセスが明確になります。また、総合的な**保証度**を改善するために、どのプロセスに対して処置をとるべきなのかがわかります。このようにプロセス保証の仕組みを一覧表でまとめることで、プロセス全体を見渡した系統的な検討が可能になります。

製品ライフサイクル全体での品質保証

製品ライフサイクル全体での品質保証

　製品ライフサイクルとは、連続的かつ相互に関連する製品システムの段階群、すなわち、原材料の取得、または天然資源の産出から、最終処分までを含むものです。

　顧客に提供する製品・サービスは、原材料から設計、購買、製造、梱包・輸送、販売、サービス、使用というプロセスを経て経年劣化で廃棄するというサイクルになっているので、個々のプロセスだけを考えるのではなく、製品ライフサイクル全体での品質保証を行うことが大切です。

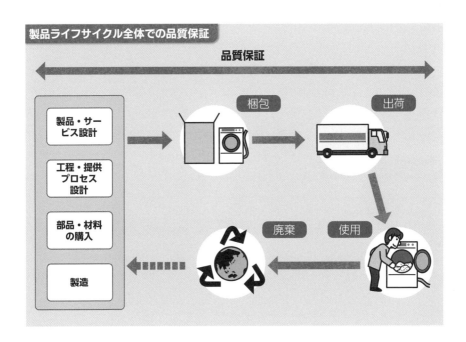

製品ライフサイクル全体での品質保証

品質保証

製品・サービス設計／工程・提供プロセス設計／部品・材料の購入／製造／梱包／出荷／使用／廃棄

製品安全、環境配慮、製造物責任

製品安全

使用者が製品を安心して使用できるようにするためには、使用者の安全を第一に考える必要があります。このため、安全に関する法令・規制要求事項が、次のように定められています。

製品安全のための法律

- 消費生活用製品安全法（PSCマーク）
- 電気用品安全法
- ガス事業法
- 液化石油ガスの保安の確保及び取引の適正化に関する法律
- 家庭用品品質表示法　など

新製品設計開発では、これらの安全に関する法令・規制要求事項を満たした製品を設計することが大切です。なお、これらの法令・規制要求事項は社会の要求に伴って変更されるので、これらの要求事項の変化を常に監視する仕組みを構築することにより、品質保証を確実に行うことができます。

PSCマーク（特定製品）

消費生活用製品安全法で定めている特定製品はPSCマークがないと販売できない。

PSCマーク	品名	
P S C （円形）	・登山用ロープ ・乗車用ヘルメット ・石油ふろがま	・家庭用の圧力なべ及び圧力がま ・石油給湯機 ・石油ストーブ
P S C （ひし形）	・乳幼児用ベッド ・浴槽用温水循環器	・携帯用レーザー応用装置 ・ライター

環境配慮

　社会の環境問題への関心の高まりを受け、製品・サービスの設計・開発、工程設計、製造およびサービス提供、輸送などの段階ごとに、製品・サービスが**環境**に与える影響を考慮する必要があります。

　例えば、製品・サービスに環境汚染物質を含む場合には、そのまま廃棄すると環境問題を発生させることになりますので、回収するなどこれに対応する処置を行う必要があります。

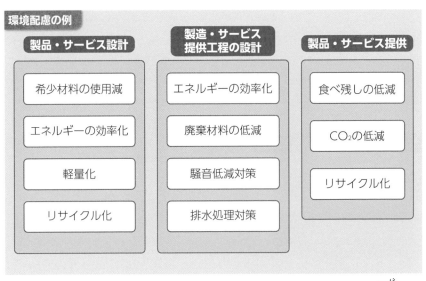

環境配慮の例

製品・サービス設計	製造・サービス提供工程の設計	製品・サービス提供
希少材料の使用減	エネルギーの効率化	食べ残しの低減
エネルギーの効率化	廃棄材料の低減	CO_2の低減
軽量化	騒音低減対策	リサイクル化
リサイクル化	排水処理対策	

各部門で環境に配慮することが大切です。

製造物責任

製造物責任（Product Liability：PL）とは、製品の欠陥または表示の欠陥が原因で生じた**人的・物的損害**に対して、製造業者が負うべき**賠償責任**のことです。

欠陥とは、当該製造物の特性、その通常予見される使用形態、その製造業者等が当該製造物を引き渡した時期、その他の製造物にかかる事情を考慮して、当該製造物が通常有すべき安全性を欠いている状態のことです。

製造業者等とは、当該製造物を業として製造、加工または輸入した者のことです。なお、当該製造物にその実質的な製造業者と認めることができる氏名等の表示をした者も含まれます。

製造物責任への対応には、**製造物責任予防**（Product Liability Prevention：PLP）と**製造物責任防御**（Product Liability Defence：PLD）があり、PLDには、事故発生前に実施する対応と発生後に対応するものがあります。

製造物責任予防と製造物責任防御		
製造物責任 (PL)	製造物責任予防 (PLP)	製品安全の考え方で、フェールセーフ（故障や操作ミス、設計上の不具合などの障害が発生することをあらかじめ想定し、起きた際の被害を最小限にとどめるような工夫）をしておくという設計思想のこと
	製造物責任防御 (PLD)	**事前実施**…訴訟に備えた文書管理、関連業者との契約の整備、PL保険への加入など
		事後対応…被害者への対応、マスコミへの対応、官公庁への対応など

重要度 ★★

市場トラブルや
苦情への対応

市場トラブル対応

　新製品・サービス開発を計画したとおりに行ったとしても、その時点では考えもしなかった**トラブル**が市場で出てくることがあります。この市場でのトラブルには組織的な対応が必要になります。

　最初にトラブル情報が入ってくるのは、サポートセンターやお客様窓口となる場合が多いです。このため、これらの部門での対応に問題があるとトラブルが拡大する恐れがあるので、初期対応を適切に行うことが大切です。

苦情とその処理

　苦情とは、顧客およびその他の利害関係者が、製品・サービスおよび組織の活動が自分のニーズに合致していないことに対してもつ不満のうち、供給者または供給者に影響を及ぼすことのできる第三者へ表明したものです。第三者には、消費者団体、監督機関などがあります。

　顧客ニーズには、カタログ、仕様説明書などで明示されている機能・性能だけでなく、明示されていなくとも安全性のように当然確保されていると期待されているものも含まれます。

　苦情処理に必要な活動には次の事項があります。

苦情処理に必要な活動

- 製品の欠陥により生じた使用者の不満を解消し、信頼を維持するための活動
- 同種の製品に今後同様の苦情が生じないように、予防するための活動
- 保有する技術の不足や、ユーザーがその製品の品質に対してもっている要望を知るための活動
- 品質保証体系の不備を改善する活動

苦情処理では、顧客とのコミュニケーション方法の明確化が必要であり、次に示すプロセスで行うことが効果的です。

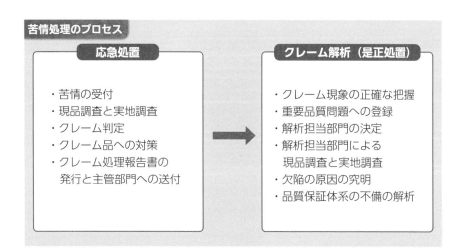

苦情処理のプロセス

応急処置

・苦情の受付
・現品調査と実地調査
・クレーム判定
・クレーム品への対策
・クレーム処理報告書の
　発行と主管部門への送付

クレーム解析（是正処置）

・クレーム現象の正確な把握
・重要品質問題への登録
・解析担当部門の決定
・解析担当部門による
　現品調査と実地調査
・欠陥の原因の究明
・品質保証体系の不備の解析

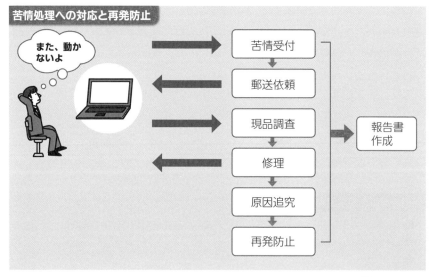

苦情処理への対応と再発防止

また、動かないよ

苦情受付

郵送依頼

現品調査

修理

原因追究

再発防止

報告書作成

苦情処理のプロセスを構築することが重要です。

新製品・サービス開発②

理解度check

問1 新製品・サービス開発に関する次の文章において、□□□内に入る最も適切なものを選択肢からひとつ選べ。

① DRの参加者は、レビュー項目およびレビューの目的に適した □(1)□ の知識・技能をもった人を選定する必要がある。

② FTAでは、論理記号であるANDゲートと □(2)□ ゲート記号を用いて解析する。

③ 保証の網では、縦軸に発見すべき □(3)□ 、横軸にプロセスをとってマトリックスをつくり、発生防止水準および流出防止水準を記入する。

④ 製品の欠陥又は表示の欠陥が原因で生じた人的・物的損害に対して、製造業者が負うべき賠償責任のことを □(4)□ という。

⑤ 苦情処理に必要な活動の一つとして、同種の製品に今後同様の苦情が生じないように □(5)□ するための活動が含まれる。

【選択肢】
ア．積　イ．OR　ウ．製造物責任　エ．製造物責任防御　オ．各部門
カ．設計部門　キ．改善点　ク．不適合　ケ．予防　コ．是正

問2 新製品・サービスに関する次の文章で、正しいものには○を、正しくないものには×を示せ。

① 製造物責任への対応では、製造物責任予防をしていれば十分である。　□(1)□

② 製品・サービス設計では、エネルギー消費量や使用材料の選定を行う際に、環境に関する影響も考慮する必要がある。　□(2)□

③ FTAは、故障・事故などの好ましくない事象の原因をたどってその因果関係を論理記号と事象記号を用いてFT図に展開し、解明する手法である。　□(3)□

④ DRは製品・サービスの設計について行うものであり、プロセスの設計では行う必要はない。　□(4)□

新製品・サービス開発②

解答解説

問1 (1) **オ**　　(2) **イ**　　(3) **ク**　　(4) **ウ**　　(5) **ケ**

(1)　DRでは設計に関わる各部門の代表者が参加することが大切（➡p.95）。

(2)　FTA（故障の木解析）では、論理記号として、ANDゲートとORゲートを用いて解析（➡p.96）。

(3)　保証の網を作成することでそれぞれの不適合の発生防止と後工程への流出防止に関する重要なプロセスが明確になる（➡p.98）。

(4)　製造物責任への対応には、製造物責任予防と製造物責任防御がある（➡p.102）。

(5)　苦情に関するデータを分析することで、同様の問題が発生しないように予防することができる（➡p.103）。

問2 (1) **×**　　(2) **○**　　(3) **○**　　(4) **×**

(1)　製造物責任防御も必要（➡p.102）。

(2)　環境に与える影響の低減を考慮した設計を行うことが大切（➡p.101）。

(3)　FTAは、好ましくない事象が発生するメカニズムを解明するもの（➡p.96）。

(4)　DRは製品・サービスの設計だけでなく、製品実現に関する全ての設計の段階で行うことが大切（➡p.94）。

正解

9

プロセス保証①

プロセス保証の基本について学びます。
品質保証に必要な**作業標準、**
製造・サービス提供の計画書、
工程のパフォーマンスの把握方法の
考え方を理解しましょう。

重要度 ★

プロセス保証とは

プロセス保証

プロセス保証とはプロセスのアウトプットが要求される基準を満たすことを確実にする一連の活動のことであり、品質をプロセスでつくりこむことです。

これを具現化するには、決められた手順や方法に従って業務を行い、プロセスのアウトプットがその目的を達成し、基準どおりになるようにする一連の活動が必要になります。

製造・サービス提供でのプロセス保証を行うためには、次の事項を考慮します。

プロセス保証のための考慮事項

- 標準化
- 工程能力調査および改善
- トラブル予測および未然防止
- 検査・確認
- 工程異常への対応

プロセス保証

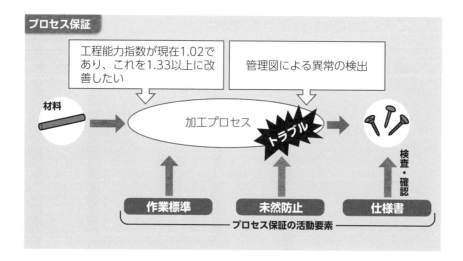

工程能力指数が現在1.02であり、これを1.33以上に改善したい

管理図による異常の検出

材料 → 加工プロセス → トラブル → 検査・確認

作業標準　未然防止　仕様書

プロセス保証の活動要素

作業標準書とプロセスの考え方

作業標準書

　作業標準書とは、プロセスに必要な一連の活動に関する基準および手順を定め、文書にしたものです。基準にはインプットに関するもの、中間のアウトプットに関するもの、最終のアウトプットに関するものがあります。

　作業標準書には、作業者が製造・サービス提供時において作業を実施する際に、品質面、コスト面および安全面などに関するばらつきを抑えるために、個々の作業手順や作業方法などを具体的に記載します。

　作業標準書の作成にあたっては、次の事項を考慮します。

❶ **作業標準書の記載事項**

- ・適用範囲
- ・設備・治工具
- ・作業者
- ・品質基準と測定方法
- ・異常時の処置

- ・作業目的
- ・補助材料
- ・作業時期
- ・品質・安全上で注意すべき事項

- ・使用材料・部品
- ・作業手順
- ・作業場所

❷ **作業標準書の作成手順**

①作業にどのような機能をもたすのかを決める

②機能ごとにどのような順序で作業を行うのかを決める

③作業に必要なインプットおよびアウトプットを明確にする

④どの作業を誰が、いつ、どのような方法で監視または測定するのかを決める

⑤手順を文書化する。文書化する際は、文章だけでなく、図表、フローチャート、動画、写真なども使用するとわかりやすい

❸ **作業標準書作成時のポイント**

・最初から完璧な内容にしようと考えないこと

全ての作業方法を最初から完全なものにすることはできない場合が多い
ので、**SDCAサイクル**（→p.66）を回して改訂する

・関連する人々と連携をとること

他の業務に問題を起こさないようにするため、関連する他の作業標準書
との整合性をとる必要がある

・記載事項は、利便性を考えて簡略化すること

作業標準書の記載事項は、事細かに書きすぎると作業者が作業標準書を
見なくなり、使われなくなる恐れがあるので、簡潔なほうが活用しやすい

・活用する要員の知識・技能に応じた内容にすること

作業標準書は、作業者の知識・技能を考慮して作成する

プロセス（工程）の考え方

プロセスとは「**インプットを使用して意図した結果を生み出す、相互に関連
する又は相互に作用する一連の活動**」（ISO 9000）のことです。プロセスは、
次のステップで明確にすることができます。

業務のプロセスの明確化

● 対象とする業務について、プロセスの流れ、相互関係などを表すプロセスフ
ローを明確にする

● プロセスフローにおける個々のプロセスについて、アウトプットおよびその
基準、並びにインプットを明確にする

● 個々のプロセスについて、インプットをアウトプットに変換するための方
法、人、設備、技術、ノウハウなどの必要な経営資源を明確にする

プロセスを明確にするための作業手順

手順1：最終のアウトプットに対する要求事項を整理し、それを満たすべき基準
（特性値、規格値など）を明確にする

手順2：プロセスをより小さいサブプロセスに分解する。分解にあたっては、
関係する作業者、設備、部品、材料、方法、環境などの共通性、作業標
準書の適用範囲などを考慮する。分解した各サブプロセスの、インプッ
トおよびアウトプットを明確にする。IE（Industrial Engineering）、
WBS（Work Breakdown Structure）などの方法を使うと効果的。
また、分解した結果は、工程図、業務フロー図、プロセスマップ、ア
ローダイアグラムなどの図を用いて表すと理解しやすい

手順3：最終のアウトプットと各サブプロセスのアウトプットとの関係を整理
し、最終のアウトプットに対する基準をもとに、各サブプロセスのア
ウトプットが満たすべき基準を明確にする

プロセスとサブプロセスの関係

加工プロセス

サブプロセス	**サブプロセス**	**サブプロセス**	**サブプロセス**
材料装着	製造条件設定	加工	検査・確認

細分化

サブサブプロセス	**サブサブプロセス**	**サブサブプロセス**	**サブサブプロセス**
作業指示書確認	製造仕様書確認	製造条件設定	製造条件設定確認

プロセスを詳細に分解する
ことが大切です。

重要度 ★

QC工程図と
フローチャート

QC工程図

QC工程図とは、製品・サービスの生産・提供に関する一連のプロセスを図表に表し、このプロセスの流れに沿ってプロセスの各段階で、誰が、いつ、どこで、何を、どのように管理したらよいかを一覧にまとめたものです。また、各工程での管理項目、点検項目、記録方法などを明確にしたものでもあり、品質計画書に該当します。なお、QC工程図は、QC工程表、管理工程図、品質保証項目一覧表などと称されています。QC工程図では、次に示すような記号を用います（JIS Z 8206参照）。

QC工程図

記号の名称	記号	記号の名称	記号
加工	○	滞留	◖
運搬	○	数量検査	□
貯蔵	▽	品質検査	◇

フローチャート

フローチャートとは、プロセスの各ステップを箱で表し、流れをそれらの箱の間の矢印で表すことで、アルゴリズムやプロセスを表現する図です。

プロセスを設計する際に、全体の流れがどのようになるのかを検討するのに役立つ方法です。したがって、フローチャートを作成した後で、具体的な手順を作成することになります。

工程異常の考え方と その発見・処置

工程異常

　工程異常とは、プロセスが**管理状態**にないことであり、管理状態とは、技術的・経済的に好ましい水準における**安定状態**のことです。

　プロセスのパフォーマンスは、まったく同じ状態を維持することはありません。プロセスに必要な人、機械・設備、方法、原材料は、時々刻々と変化するため、ばらつきが発生します。このばらつきがある水準を超えると、問題が発生したと判断されます。これが工程異常の考え方です。

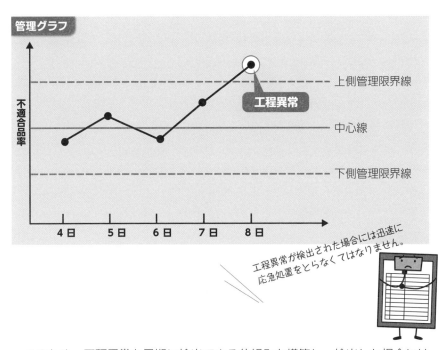

工程異常が検出された場合には迅速に
応急処置をとらなくてはなりません。

　このため、**工程異常**を早期に検出できる仕組みを構築し、検出した場合には、まず製造ラインを止める、不適合製品をラインから取り除くといった応急処置をとるとともに、責任者に迅速に報告し、適切な指示を仰ぐ必要があります。

工程能力調査と工程解析

工程能力調査

工程能力とは、プロセスが、要求事項に対してばらつきが小さい製品・サービスを提供することができる程度のことであり、工程能力を定量的に表した指標を**工程能力指数**といいます。

工程能力の意味

● **工程能力（Process Capability）**
……最適な管理を行っているときの能力のこと
● **プロセス・パフォーマンス（Process Performance）**
……管理の程度・内容を限定せずに広くプロセスのもつ質的能力のこと

　プロセス保証に欠かせないのが、該当するプロセスのアウトプットが、どの程度ばらつきが少なく要求事項を満足できているかに関する評価です。評価をするために、**工程能力調査**を行う必要があります。

　工程能力調査では、ばらつきを評価するために適切なデータを収集することが第一段階になります。ばらつきには、標準が守られている場合と、守られていない場合があり、工程能力調査で評価すべきなのは、標準が守られている場合のばらつきです。そのばらつきを評価できるように、適切に群分けされたデータを適切な期間収集したうえで、分析することが大切です。

工程解析

工程解析とは、プロセスの維持向上・改善・革新につなげる目的で、プロセスにおける特性と要因との関係を**解析する**ことです。

　製品・サービスの特性のばらつきは、プロセスにおける原材料・設備・作業者・作業方法などの要因に影響を受けます。このためプロセスに関する情報を収集・分析し、特性のばらつきに影響している要因から真の原因を特定することが必要であり、このことを工程解析といいます。この工程解析のために**工程能力調査**を行うことが日常管理では大切です。

問1 プロセス保証に関する次の文章において、◯◯内に入る最も適切なものを選択肢からひとつ選べ。

① プロセスのアウトプットが要求される基準を満たすことを確実にする一連の活動のことを◯(1)◯という。

② 作業標準書には、プロセスに必要な一連の活動に関する◯(2)◯および手順を定める必要がある。

③ QC工程図は、製品・サービスの生産・提供に関する一連の◯(3)◯を図表に表したものである。

④ 工程異常とは、プロセスが管理状態にないことであり、管理状態とは、技術的・経済的に好ましい水準における◯(4)◯のことである。

⑤ 工程能力調査では、◯(5)◯を評価するために適切なデータを収集することが第一段階である。

【選択肢】
ア. プロセス　イ. フローチャート　ウ. 基準　エ. 標準　オ. 異常状態　カ. 安定状態　キ. ばらつき　ク. 平均値　ケ. プロセス管理　コ. プロセス保証

問2 プロセス保証に関する次の文章において、正しいものには◯を、正しくないものには×を示せ。

① プロセス保証を行うために、検査・確認については考慮する必要はない。

◯(1)◯

② 作業標準書を作成する際には、関連する他の作業標準書について考える必要はない。

◯(2)◯

③ QC工程図（JIS Z 8206）で用いられている記号のうち、数量検査と品質検査は同じ記号で表される。

◯(3)◯

④ 工程異常が発生した場合には、不適合製品をラインから取り除くという応急処置を行う必要がある。

◯(4)◯

⑤ 工程解析では、プロセスに関する情報を収集・分析し、特性のばらつきに影響している要因から真の原因を特定することが必要である。

◯(5)◯

問1 (1) コ (2) ウ (3) ア (4) カ (5) キ

(1) プロセスを設計する際には、アウトプットが基準を満たせるようにすることでプロセス保証を行うことができる（➡p.108）。

(2) 作業標準書には、アウトプットをつくりこむ基準とその手順を示すことが大切である（➡p.109）。

(3) QC工程図には、プロセスとそれを管理するための仕組みを記載することで工程管理が可能（➡p.112）。

(4) 安定状態とは、技術的・経済的に好ましい状態であり、異常とは好ましくない状態のこと（➡p.113）。

(5) 該当するプロセスのアウトプットが、どの程度ばらつきが少なく要求事項を満足できているかを評価するために、工程能力調査を行う（➡p.114）。

問2 (1) × (2) × (3) × (4) ○ (5) ○

(1) プロセス保証では、標準化、工程能力調査および改善、トラブル予測および未然防止、検査・確認、工程異常への対応を考慮する（➡p.108）。

(2) 他の業務に問題を起こさないようにするため、関連する他の作業標準書と整合性をとる必要がある（➡p.110）。

(3) QC工程図の数量検査の記号は□、品質検査の記号は◇（➡p.112）。

(4) 工程異常を検出した場合には、製造ラインを止める、不適合製品をラインから取り除くという応急処置をとるとともに、責任者に迅速に報告し、適切な指示を仰ぐ必要がある（➡p.113）。

(5) 工程解析とは、データ分析の結果をもとに、プロセスの特性と要因との関係を解析することである（➡p.114）。

正解

10

プロセス保証②

引き続きプロセス保証の基本について学びます。
品質の確認を行うための
検査の考え方を確認しましょう。

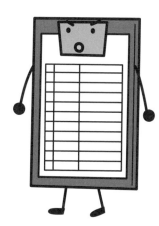

検査の目的・意義・考え方

検査の目的・意義・考え方（適合・不適合）

検査とは、製品・サービスのひとつ以上の特性値に対して、測定、試験、またはゲージ合わせなどを行って、規定要求事項に**適合**しているかどうかを判定する行為のことであり、製品のひとつひとつに対して行うものと、いくつかのまとまり（**ロット**）に対して行うものがあります。

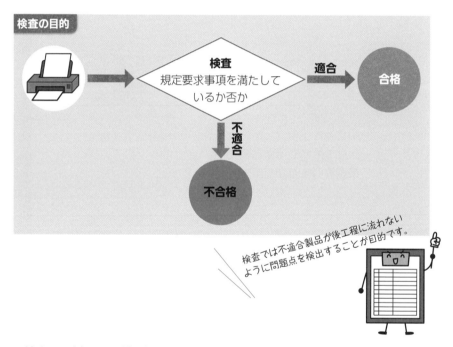

検査の目的

検査
規定要求事項を満たしているか否か

適合 → 合格

不適合 → 不合格

検査では不適合製品が後工程に流れないように問題点を検出することが目的です。

検査は、製品の品質を保証するための方法のひとつです。製造プロセスの工程管理が十分であったとしてもばらつきは存在するので、購入製品や製造段階で製品が規定要求事項を満たしているかを確認する必要があります。ただし、どのような段階でどのような検査を行うかは、事前に計画しておくことが大切です。

検査を行わずとも製品の品質を保証できることが理想です。しかし、新製品の製造段階では品質が安定しなかったり、高い信頼性が要求されたりするので検査を行います。ただし、品質が向上すれば、検査の程度を軽減することができ、検査費用の削減につながります。

　検査では、**ロット**で保証を行う場合と製品ごとに保証を行う場合があります。製品ごとに実施すると全ての品質が保証されますが、時間も手間もかかってしまうのでロットで行うことが多いです。ロットで保証を行う場合には、**ロット（母集団）**からある基準に基づいて**ランダムサンプリング**を行い、いくつかのサンプルを抽出します。これらのサンプルを試験・測定し、そのデータから良否を判定し、**合否判定基準**に基づいて**ロットの合否**の判定を行います。

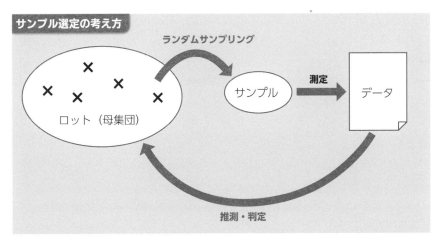

ロットの合否は、母集団からサンプリングしたサンプルで判断できます。

検査の種類と方法

検査の種類と方法

検査の種類には、購入品の受入段階での受入検査・購入検査、製造段階での工程内検査・中間検査、完成した製品について行う最終検査・出荷検査があります。また、データの種類には、**計数値**に関する検査および**計量値**に関する検査があります。

検査の方法には、製品そのものを直接試験する方法と製品そのものを直接試験しない方法があります。検査の種類と特徴を次に示します。

❶ 全数検査

全数検査は、製品の品質が安定していない場合、または高い信頼性が要求される場合に採用します。

❷ 抜取検査

抜取検査は、製品の品質が安定している場合で、ロットの合・否を判定する場合に採用します。

抜取検査には、計数値規準型抜取検査、計量値規準型抜取検査、計数値規準型逐次抜取検査、計量値規準型逐次抜取検査、選別型抜取検査、調整型抜取検査があります。

❸ 無試験検査

無試験検査は、ほかからの品質情報をもとに個々の製品またはロットの合・否を判定し、製品を直接試験しない方法であり、検査省略、書類検査、間接検査などがあります。

検査の方法

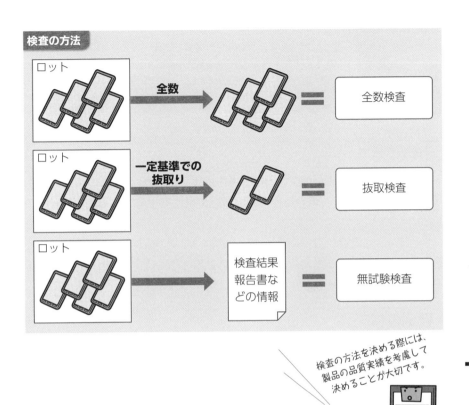

検査の方法を決める際には、製品の品質実績を考慮して決めることが大切です。

各検査のメリット・デメリット

検査方法	メリット	デメリット
全数検査	個々の製品を評価できる	検査コスト大
抜取検査	検査コストが全数検査より少ない	サンプル外で不適合製品があった場合、後工程に引き渡されるリスクがある
無試験検査	検査コストがほとんどかからない	不適合製品が後工程に引き渡されるリスクが高い

計測と測定誤差

計測の基本

計測とは、「**特定の目的をもって、事物を量的にとらえるための方法・手段を考究し、実施し、その結果を用い所期の目的を達成させること**」（JIS Z 8103）です。

計測するためには、製品の特性値をどのような測定精度をもった測定機器で計測するかを計画し、計測する要員がその力量をもてるように教育・訓練することが大切です。

計測の管理

計測の管理とは、計測活動の体系を管理することです。製品・サービスが要求事項を満たしているかを評価するためには、その品質特性に関する情報を入手する一連の流れを計測のプロセスとして確立することが大切です。品質特性を間違った情報をもとに判断するのは危険であるので、**計測の管理**を実施する必要があります。

このために、ISO 10012（計測マネジメントシステム－測定プロセス及び測定機器に関する要求事項）では、測定プロセスの運営管理について規定しています。測定プロセスでは次の事項を計画します。

測定プロセスの計画事項

- 製品の品質を確保するために、どのような測定が必要か
- 測定方法
- 測定を実施し、それを定義するために必要な機器
- 測定を実施する要員に求められる技能および資格

測定機器は、製品・サービスの特性を仕様などの基準と比較して、適合または不適合を判断するための重要な機器であるため、常に正しい状態で使用できるように適切に管理する必要があります。特に検査および試験で使用する際には、**校正**が必要です。

測定機器の管理では、次の活動を行います。

測定機器の管理活動

- 定められた間隔または使用前に行う、国際または国家計量標準にトレース可能な計量標準に照らした校正または検証。そのような標準が存在しない場合には、校正または検証に用いた基準の記録を作成すること
- 機器の調整、または必要に応じて再調整すること
- 校正の状態が明確にできる識別をすること
- 測定した結果が無効になるような操作ができないようにすること
- 取扱い、保守、保管において、損傷および劣化しないように保護すること
- 点検・校正の間隔は、校正に関するコスト評価を反映すること
- 適切な環境を維持すること
- 機器に発生したトラブルの原因を分析し、再発防止を行うこと
- 重要機器に発生したトラブルの情報をデータベース化し、改善に活用すること
- 測定機器が要求事項に適合していないことが判明した場合、それまでに測定した結果の妥当性を評価し、記録すること。また、機器および影響を受けた製品に対して、適切な処置をとること
- 校正および検証の結果の記録を維持すること

測定誤差の評価

測定とは、「**ある量を、基準として用いる量と比較し数値又は符号を用いて表すこと**」（JIS Z 8103）です。**誤差**とは、測定値から**真の値**を引いた値のことであり、 誤差の真の値に対する比を相対誤差といいます。ただし、間違えるおそれがない場合には、単に誤差ということもあります。なお、真の値とは、ある特定の量の定義と合致する値のことです。

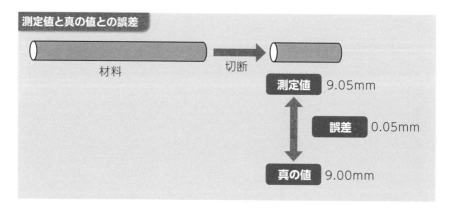

製品の特性を測定することで製品の規格を満たしているか否かを判断できますが、測定には誤差がつきものなので、**測定誤差の評価**を行うことが大切です。

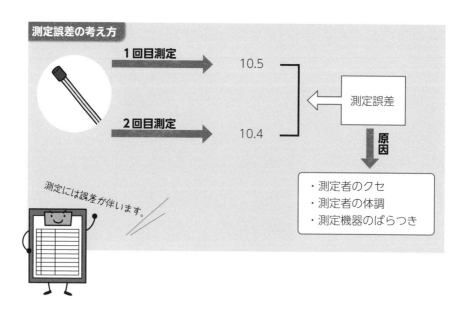

官能検査と感性品質

官能検査

官能検査とは、人間の感覚を用いて、品質特性が規定要求事項に適合しているかを判定する行為のことです。

検査では、検査項目ごとに、設計図面や製品仕様書などに基づいて適合・不適合を判別する基準を決定します。製品の特性に関して測定機器を使用する場合には、適合・不適合の判断は容易ですが、外観などの検査では、人間の**五感**、つまり**味覚**、**嗅覚**、**触覚**、**視覚**、**聴覚**に関する検査が必要になります。測定機器では測れない特性を、人間の五感で評価する検査が官能検査です。このため、測定する際には、検査員によるばらつきを少なくする必要があります。

官能検査では品質を文章で表すのが難しいため、見本を用いることにより検査員の判定の**偏り**や**ばらつき**を改善することができます。見本には標準見本と限度見本があります。**標準見本**は品質基準を与えるものですが、標準からどれくらい外れたら不適合にするかは検査員の判断によります。これに対し**限度見本**は判定の限界点を示すので、標準見本より判断の曖昧さは少なくなります。

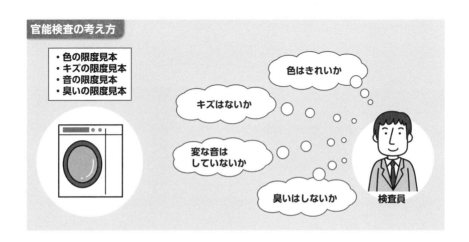

官能検査の考え方

・色の限度見本
・キズの限度見本
・音の限度見本
・臭いの限度見本

色はきれいか

キズはないか

変な音は
していないか

臭いはしないか

検査員

感性品質

感性品質とは、人間の味覚、嗅覚、触覚、視覚、聴覚を用いて感じることのできるものの良さの程度のことです。感性品質は**品質要素**のひとつで、官能検査の対象となります。

感性品質の考え方

じょうろの感性品質

色がきれい

かわいい

水の流れる音が心地よい

持ちやすい

プロセス保証②

理解度check

問1 プロセス保証に関する次の文章において、 内に入る最も適切なものを選択肢からひとつ選べ。

① 検査では、 (1) で保証を行う場合と製品ごとに保証を行う場合がある。

② 検査では、母集団から (2) サンプリングを行い、サンプルを試験・測定し、そのデータから (3) を判定し、合否判定基準に基づいてロットの合否の判定を行う。

③ 製品の品質が安定していない場合、または高い信頼性が要求される場合には (4) 検査を採用する。

④ 測定機器の管理活動として、 (5) の状態が明確にできる識別をすることが必要である。

> 【選択肢】
> ア．ロット　イ．検査単位　　ウ．ランダム　エ．全数　オ．抜取　カ．確認
> キ．校正　ク．取扱い　ケ．良否　コ．欠点

問2 プロセス保証に関する次の文章で、正しいものには○を、正しくないものには×を示せ。

① 官能検査とは、人間の感覚を用いて、品質特性が規定要求事項に適合しているかを判定する行為である。 (1)

② 抜取検査は抜き取ったサンプルのみの試験を行うので、ロット全体の品質を保証するものではない。 (2)

③ 官能検査の項目は、検査員ができるだけ主観的な判断を下せるように抽象的表現にする必要があり、限度見本などは併用する必要はない。 (3)

④ 計測の管理では、品質特性に関する情報を入手する一連の流れを計測のプロセスとして確立する必要がある。 (4)

⑤ 製品の特性を正確に測定する必要があるが、測定には誤差が存在する。 (5)

127

プロセス保証②　　　　　　　　　　解答解説

問1　(1)　ア　　　(2)　ウ　　　(3)　ケ　　　(4)　エ　　　(5)　キ

(1)　検査では、製品のひとつひとつに対して行うものと、いくつかのまとまり（ロット）に対して行うものがある（➡p.118）。

(2)　ロットで保証を行う場合には、母集団からある基準に基づいてランダムサンプリングを行う（➡p.119）。

(3)　サンプルの試験・測定結果のデータから良否を判定（➡p.119）。

(4)　検査の種類には、全数検査、抜取検査、無試験検査がある（➡p.120）。

(5)　測定機器には、校正の状態がわかる表示をすることが大切（➡p.123）。

問2　(1)　○　　　(2)　×　　　(3)　×　　　(4)　○　　　(5)　○

(1)　人の五感を用いる検査が官能検査（➡p.125）。

(2)　サンプルの試験結果からロットの合・否を判定するものであり、抜取検査で保証する対象はロットである（➡p.120）。

(3)　品質判定を客観的に行えるように限度見本などを用いて具体化する必要がある（➡p.125）。

(4)　計測の管理とは、計測活動の体系を管理すること（➡p.122）。

(5)　測定誤差の評価を行うことが大切（➡p.124）。

正解

10

方針管理

方針管理の基本について学びます。
方針（目標、方策）に関する
PDCAサイクルを理解することが大切です。

方針管理とは

10日目
20
方針管理

方針管理の基本

　方針管理とは、方針を、全部門・全階層の参画のもとで、向かう方向をあわせて**重点指向**で達成していく活動であり、方針には中長期方針、年度方針などがあります。

　方針管理では、全社の重点課題、目標および方策を各部門および階層に**展開**し、各部門および階層で方策を実施し、その成果を評価します。目標が未達成の場合には、原因の追究を行い、新たな方策を追加することなどを行います。このような活動では、方針の策定、実施、点検、改善という**PDCAサイクル**（→p.65）を回すことが大切です。

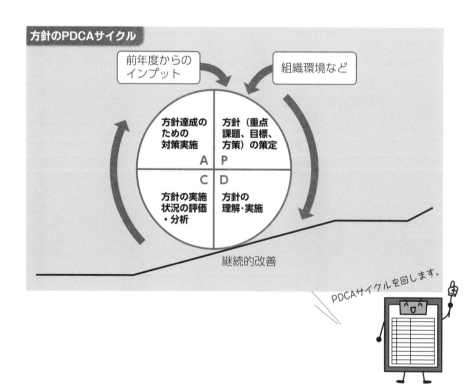

方針のPDCAサイクル

前年度からのインプット　　　組織環境など

方針達成のための対策実施　A

方針（重点課題、目標、方策）の策定　P

C　方針の実施状況の評価・分析

D　方針の理解・実施

継続的改善

PDCAサイクルを回します。

方針管理のプロセス

方針（目標と方策）

方針とは、トップマネジメントによって正式に表明された、組織の使命、理念およびビジョン、または中期経営計画の達成に関する、組織の全体的な意図および方向付けのことです。

方針には一般に、次の3つの要素が含まれますが、組織によってはこれらの一部を方針に含めず、別に定義している場合もあります。

方針の要素（JSQC-Std 33-001）

● **重点課題**……組織として優先順位の高いものに絞って取り組み、達成すべき事項
● **目標**…………目的を達成するための取り組みにおいて、追求し、目指す到達点
● **方策**…………目標を達成するために、選ばれる手段

年度方針から各部門および各階層への展開を図るため、**目標**および**方策**を設定します。この目標および方策の設定では、部門間や部門内の階層間でのコミュニケーションを図ることが大切で、十分な意思疎通が図れる体制を確立する必要があります。

目標は、品質、コスト、量・納期、安全、環境などの経営要素に関するものがあり、その達成の程度を定量的に評価するために測定可能なものとする必要があります。**方策**は、目標を達成する**手段**であり、具体的に実践できるものであり、ひとつ以上の手段になります。

目標は結果系、方策は原因系です。

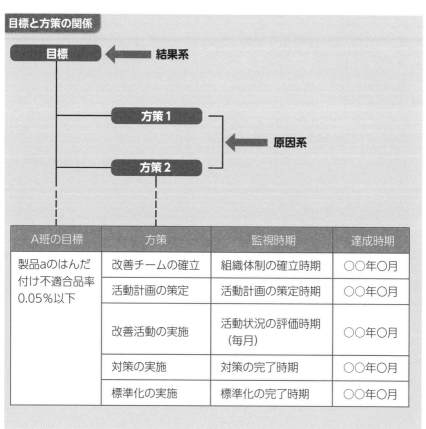

目標と方策の関係

目標 ← 結果系

方策 1
　　　← 原因系
方策 2

A班の目標	方策	監視時期	達成時期
製品aのはんだ付け不適合品率0.05%以下	改善チームの確立	組織体制の確立時期	○○年○月
	活動計画の策定	活動計画の策定時期	○○年○月
	改善活動の実施	活動状況の評価時期（毎月）	○○年○月
	対策の実施	対策の完了時期	○○年○月
	標準化の実施	標準化の完了時期	○○年○月

目標と方策の整合性をとることが大切です。

方針の展開とすり合わせ

　方針の展開とは、上位の重点課題、目標および方策を分解・具体化し、下位からの提案を取り込みながら**すり合わせ**を行い、下位の重点課題、目標および方策へ割り付ける活動のことです。

　全社方針が作成されたのち、これに従って各部門がどのような活動を行うのかを明確にするために、方針を各部門へ展開します。

　上位者の重点課題・目標が、下位者の重点課題・目標の達成によって確実に達成されるように系統図などを活用してそれらの関係を**見える化**することが効果的です。

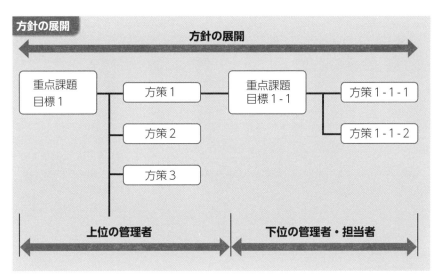

方針の展開

| 重点課題 目標1 | 方策1 | 重点課題 目標1-1 | 方策1-1-1 |
| 方策2 | 方策1-1-2 |
| 方策3 |

上位の管理者　　　　　下位の管理者・担当者

目標・方策を下位に順次
展開していきます。

方針を展開する責任者および方針を展開された各部門の責任者、展開された方針に関連する部門は、方針の達成を確実にするために**すり合わせ**を行います。これは、さらに下位者の方針へ展開する場合にも同じことを行います。すり合わせは社内だけでなく、アウトソース先も含めて実施することが効果的です。このすり合わせは、関係者と意見を調整し、その目標をどのように達成するかを認識するための重要な機能です。

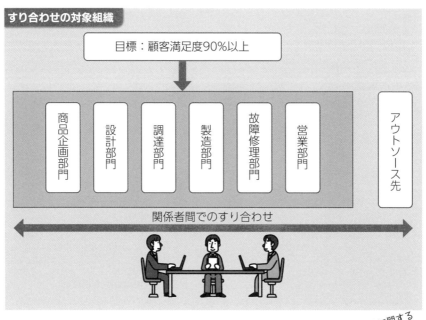

すり合わせの対象組織

目標：顧客満足度90%以上

商品企画部門　設計部門　調達部門　製造部門　故障修理部門　営業部門　アウトソース先

関係者間でのすり合わせ

関係者間で目標・方策に関する
調整を行います。

方針管理のしくみとその運用

　年度方針の策定は、前年度の反省から始まるので、次に示す**CAPDCA**の考え方に基づいて実施することが大切です。

CAPDCAの考え方

Check **(点検)**	前年度の**方針管理のプロセス**および結果に関して評価し、分析する。この評価および分析においては、どのような活動が成功したのか、または失敗したのか、その成功および失敗を引き起こした組織に必要な**能力**は何かを明確にする
Act **(処置)**	チェックの結果から、**再発防止**または**未然防止**すべき能力を明確にし、翌年度の方針にどのように反映するのかを決定する
Plan **(計画)**	当年度の方針を策定する。戦略、中長期計画との整合性を図り、重点課題、目標および方策を各部門、各階層に展開する。展開に当たっては、前年度からのインプット、すなわち、改善すべき対象も考慮する
Do **(実施)**	効果的で効率的な方針の展開を遂行するためには、その内容を経営者が組織の要員に対して伝達し、理解させ、これに基づいた活動を全員で行うという、方針の展開へ**参画**することが重要な要素であるため、各部門、各階層で方策の実施を実践する
Check **(点検)**	方針の目標達成の状況を確認するためのKPI(重要業績評価指標)の傾向および方策の実施状況を**定期的**に測定・評価し、その有効性を判断し、そのなかから改善すべき問題および課題を抽出する
Act **(処置)**	抽出された問題および課題の**改善**を行う

能力とは、組織が構築しているマネジメントシステムのプロセスの活動(要素)のことです。

10
日目

方針管理

135

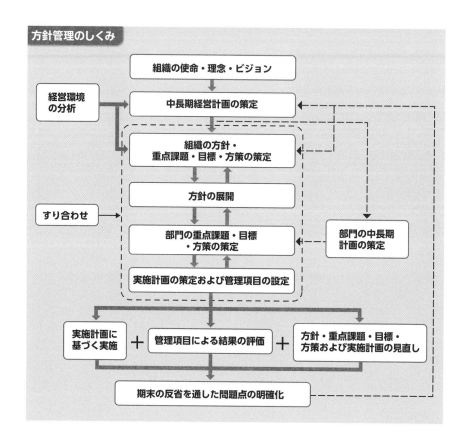

方針管理のしくみ

組織の使命・理念・ビジョン

中長期経営計画の策定

経営環境
の分析

組織の方針・
重点課題・目標・方策の策定

方針の展開

すり合わせ

部門の重点課題・目標
・方策の策定

部門の中長期
計画の策定

実施計画の策定および管理項目の設定

実施計画に
基づく実施

＋

管理項目による結果の評価

＋

方針・重点課題・目標・
方策および実施計画の見直し

期末の反省を通した問題点の明確化

方針の達成度評価と反省

　実施計画に基づく方策の結果が目標を達成しているか否かを**定期的**に評価し、問題がある場合には方策のプロセスに対して適切な処置をとることが必要です。また、期末には、その期における方針の実施状況を総合的に経営者がレビューします。レビューにあたっては、次の事項を考慮する必要があります。

・**方針管理**の進め方を評価すること
・実施状況を総合的にレビューし、組織の中長期経営計画、経営環境などを考慮したうえで、次期方針に反映すること

方針管理

理解度check

問1 方針管理に関する次の文章において、 ⬭ 内に入る最も適切なものを選択肢からひとつ選べ。

① 方針管理では、全社の重点課題、目標および方策を各部門および階層に ⬭ (1) する必要がある。

② 目標および方策の設定では、部門間や部門内の階層間での ⬭ (2) を図ることが大切である。

③ 目標を策定した後で、目標を達成するための手段としての方策を策定するが、目標と方策の関係からすると方策は ⬭ (3) 系である。

④ すり合わせは社内だけでなく、 ⬭ (4) も含めて実施することが効果的である。

⑤ 方針管理のチェックの段階では、目標達成の状況を確認するためのKPIの傾向および方策の実施状況を ⬭ (5) に測定・評価する必要がある。

【選択肢】
ア．展開　イ．すり合わせ　ウ．コミュニケーション　エ．随時　オ．定期的　カ．アウトソース先　キ．顧客　ク．結果　ケ．原因

問2 方針管理に関する次の文章で、正しいものには○を、正しくないものには×を示せ。

① 方針管理は課長が実施すべきことであるので、担当者は関係ない。 (1)

② 目標の達成状況を評価することが方針管理では重要なので、方策についての達成状況の評価を行う必要はない。 (2)

③ 方策は目標を達成する手段であり、具体的に実践できるものであり、ひとつ以上の手段になる。 (3)

④ 課の方針は、部門の方針と整合性をとり、系統的に展開する必要がある。 (4)

⑤ 年度方針の策定は、前年度の反省から始まるので、CAPDCAの考え方に基づいて実施する必要がある。 (5)

方針管理

解答解説

問1 (1) ア (2) ウ (3) ケ (4) カ (5) オ

(1) 全社の重点課題、目標および方策をもとに、各部門および階層でこれを実現するためにこれらを展開する（⊃p.130）。

(2) 目標および方策の設定では、関係する部門などと調整をするため、コミュニケーションを図ることが大切（⊃p.131）。

(3) 目標は結果系、方策は原因系（⊃p.132）。

(4) すり合わせは、アウトソース先と意見調整し、その目標をどのように達成すべきなのかを認識するための重要な機能（⊃p.134）。

(5) 目標および方策の達成状況を定期的に把握することで問題への対応が迅速になる（⊃p.135）。

問2 (1) × (2) × (3) ○ (4) ○ (5) ○

(1) 方針管理とは、方針を、全部門・全階層の参画のもとで、向かう方向をあわせて重点指向で達成していく活動（⊃p.130）。

(2) 方針管理の評価では、目標の達成状況と方策の達成状況を評価し、問題があればこれに対応する必要がある（⊃p.136）。

(3) 目標を達成するための手段が方策（⊃p.131）。

(4) 上位方針から自部門の方針を決めるプロセスを構築することが大切（⊃p.133）。

(5) 年度方針を策定するには、前年度の活動状況や組織環境の分析を行ってそれを今年度の方針の策定にインプットすることが必要（⊃p.135）。

正解

10

日常管理

日常管理の基本について学びます。
日常業務に関するSDCAサイクルを
学習しましょう。

日常管理とは

日常管理の基本

日常管理とは、「**組織の各部門において、日常的に実施しなければならない分掌業務について、その業務目的を効率的に達成するために必要な全ての活動**」（JIS Q 9026）のことです。

日常管理では、業務をより効率的なものにするための活動のうち、特に、**維持向上**（→p.64）が重視されます。

組織では、日常業務の目的を達成するために、与えられた責任・権限の範囲内で、決められた手順に従って日々業務を行っています。この業務のアウトプットには、報告書や情報などがあり、これらを組織内外の人々へ提供し、最終的に生産活動の結果としての製品・サービスを顧客に提供するために、日常業務が効果的で効率的になるように管理する必要があります。

このため、日常管理を効果的で効率的に行うためには、日常管理のステップに基づいて**SDCAサイクル**（→p.66）を回すことが大切です。

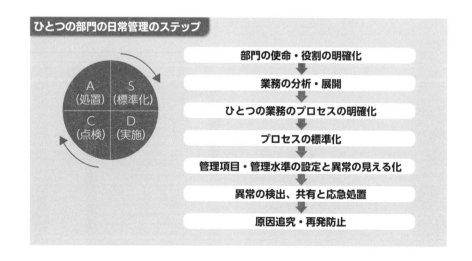

ひとつの部門の日常管理のステップ

A（処置） S（標準化） C（点検） D（実施）

部門の使命・役割の明確化

業務の分析・展開

ひとつの業務のプロセスの明確化

プロセスの標準化

管理項目・管理水準の設定と異常の見える化

異常の検出、共有と応急処置

原因追究・再発防止

日常管理の要素

業務分掌、責任と権限

業務分掌とは、組織内のそれぞれの部署や部門が担当する仕事の責任職務のことであり、品質保証に必要なプロセスの要素について決められています。一般的には、部門の**使命**や**役割**について業務分掌規程などで明確にします。

また、プロセスに関する**責任**（立場上負うべき任務や義務）と**権限**（ある決められた行為を行える範囲）は、責任・権限規程や標準類などで決めます。これに基づいて業務を展開してプロセスの設計を行います。

管理項目（管理項目と点検項目）、管理項目一覧表

❶ 管理項目

管理項目とは、目標達成を管理するために、**評価尺度**として選定する項目であり、後工程または顧客にとって重要で、当該プロセスの状態を最もよく反映するものを選ぶのが効果的です。全てのパフォーマンスに対して設定する必要はありません。一般的には、4M（Man：人、Machine：機械・設備、Method：方法、Material：原材料）に関する異常の原因を、特性要因図などを用いて整理した上で、各原因による異常を効果的に検出できる管理項目を選びます。

❷ 点検項目

点検項目とは、工程異常の発生を防ぐ、または工程異常が発生した場合に容易に原因が追究できるようにするために、プロセスの結果に与える影響が大きく、直接制御が可能な原因系のなかから、定常的に監視する特性または状態として選定する項目であり、要因系管理項目とも呼ばれます。

点検項目は、プロセスの結果に与える影響が大きく、直接制御が可能な原因系の項目を選定することで、管理項目が**管理水準**を外れた場合、原因について標準で定められた条件が守られているかどうかを容易に確認でき、原因追究や再発防止に役立ちます。

点検項目については、グラフ化またはチェックリスト化し、結果系の管理項目のグラフと比較して見られるようにしておくのが効果的です。また、点検項目およびその確認方法を明確にするために、**管理項目一覧表**またはQC工程表に、管理項目と対応付けて記しておくことで見える化できます。

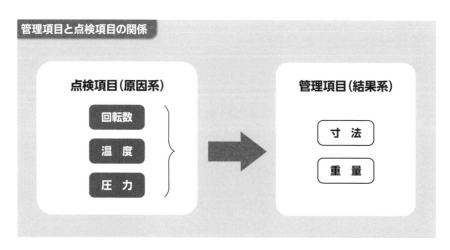

管理項目と点検項目の関係

点検項目（原因系）

- 回転数
- 温度
- 圧力

→

管理項目（結果系）

- 寸法
- 重量

管理項目一覧表の例

管理項目	管理水準	管理周期	異常判定者	処置責任者	経営要素
工程内不適合品率	400ppm±40ppm	毎日	作業者	課長	品質
工程能力指数	1.33以上	毎月	主任	課長	品質
設備稼働率	88%±5%	毎日	主任	課長	量・納期
生産量	1月～3月　5000個±150個 4月～6月　4000個±150個 7月～9月　6000個±150個 10月～12月　5000個±150個	毎月	課長	課長	量・納期

管理項目一覧表があれば、何を誰がどのように
管理しているか一目で分かります。

異常とその処置

工程管理において何らかの要因で**異常**が発生する場合があります。日常管理では、迅速に異常を検出することが大切です。

異常を迅速に発見するには見える化を
行うことが大切です。

異常の見える化の留意点

● データを収集し、その都度、管理図、管理グラフなどにプロットし、誰が見てもすぐわかるようにする（**見える化**）
● 異常の有無の判定は、プロットした点と**管理水準**とを比較して判断する。この判断では、管理外れだけでなく、連の長さ（同じ特徴をもつ引き続いた点の数）、上昇または下降の傾向、周期的変動なども考慮する（→p.237管理図参照）

また、**管理項目**の対象にはなっていなくても、例えば、製品の組立作業でいつもはスムーズに挿入できるのに、今日は少し力を入れなければ挿入できないなど、いつもの状況とは違うと感じた事象についても、異常を検出できるようにすることが大切です。

異常の検出

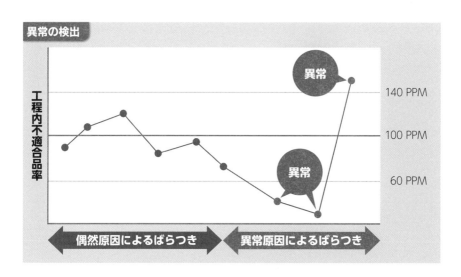

このような異常を検出するためには、次の事項への対応が必要です。

異常検出の対応事項
- 異常な状態なのか、通常な状態なのか、その判断の拠り所となるものを明確にする
- 文章で書き表すことが難しい人の感性、いわゆる五感（視覚、聴覚、嗅覚、味覚、触覚）によって、異常に気付くことも多くあるため、日頃からミーティングなどで一人ひとりの作業に対する品質意識を高めておく

異常が発生した場合には、まずは異常の影響がほかに及ばないように、プロセスを止めるか、異常となったものをプロセスから外し、その後、当該のものに対する**応急処置**を行う必要があります。

また、異常発生の根本原因を追究し、原因に対する対策をとり、再発防止を行い、再発防止に効果的であることが分かった対策は、標準の改訂、教育および訓練の見直しなどによって、**プロセス**に反映することが大切です。

変化点とその管理

日常管理では、プロセスの運営管理において、製品・サービスの品質特性の変化の状況を特別な注意を払って監視し、異常をいち早く検知して必要な処置を行うことが大切です。このため、プロセスで問題が発生してから処置するという守りの姿勢ではなく、変化を認識してそれに対応し、問題を発生させないという攻めの姿勢が必要です。

プロセスでは人、部品・材料、設備などの多くの**変化点**が存在しています。これらの変化点を明確にして監視し、異常の発生を未然に防止することが大切です。このためには、管理図や管理グラフなどの点の動きを日常的に確認し、異常な動きがないか、いつもの状態とは異なっていないかなどに着目することが大切です。

日常管理

問1 日常管理に関する次の文章において、◯◯内に入る最も適切なものを選択肢からひとつ選べ。

① 組織の各部門において、日常的に実施しなければならない分掌業務について、その業務目的を効率的に達成するために必要な全ての活動を ⦅ (1) ⦆ という。

② 日常管理を効果的で効率的に行うためには、日常管理のステップに基づいて ⦅ (2) ⦆ サイクルを回すことが必要である。

③ 業務分掌は、部門の使命や ⦅ (3) ⦆ について業務分掌規程などで明確にする必要がある。

④ 目標の達成を管理するために、評価尺度として選定した項目のことを ⦅ (4) ⦆ という。

⑤ 点検項目は、グラフ化またはチェックリスト化し、 ⦅ (5) ⦆ の管理項目のグラフと比較して見られるようにしておくのが効果的である。

> 【選択肢】
> ア．SDCA　イ．PDCAS　ウ．関わり　エ．管理項目　オ．結果系　カ．重点項目　キ．日常管理　ク．工程管理　ケ．原因系　コ．役割

問2 日常管理に関する次の文章において、正しいものには◯を、正しくないものには×を示せ。

① 日常管理では、業務をより効率的なものにするための活動のうち、特に維持向上が重視される。 ⦅ (1) ⦆

② 管理項目は、機械・設備と方法に関する異常の原因を効果的に検出できるものを選ぶ必要があり、人に関するものは考える必要はない。 ⦅ (2) ⦆

③ 点検項目は、プロセスの結果に与える影響が大きく直接制御が可能な原因系の項目を選定する。 ⦅ (3) ⦆

④ 管理グラフや管理図において、異常の有無の判定は、プロットした点と規格値とを比較して判断する。 ⦅ (4) ⦆

⑤ プロセスで問題が発生しないようにするために、変化点に着目し、これを管理することが大切である。 ⦅ (5) ⦆

日常管理

解答解説

問1 (1) キ　　(2) ア　　(3) コ　　(4) エ　　(5) オ

(1) 日常管理とは日常業務の活動状況が機能しているかを管理すること（→p.140）。

(2) 日常管理の基本はSDCAサイクルを回すこと（→p.140）。

(3) 業務分掌では部門の使命や役割を明確にすることが大切（→p.141）。

(4) 管理するには、活動状況を評価する必要があり、そのためのパフォーマンス指標が管理項目(→p.141)。

(5) 管理項目が結果系で、点検項目が原因系（→p.142）。

問2 (1) ○　　(2) ×　　(3) ○　　(4) ×　　(5) ○

(1) パフォーマンスを向上させるための活動には、維持向上、改善、革新がある（→p.140）。

(2) 工程が変化する要素には4Mがあるので、これらに関するものについての検討が必要（→p.141）。

(3) 管理項目は結果系、点検項目は原因系（→p.142）。

(4) 異常の有無の判定は、プロットした点と管理水準との比較（→p.143）。

(5) プロセスでは、人、部品・材料、設備などの多くの変化点が存在（→p.144）。

正解

10

品質経営の要素

品質経営の要素の基本について学びます。
品質経営の要素に関する諸活動の方法に
ついて確認しましょう。

標準化

標準化の目的・意義・考え方

標準化とは、効果的・効率的な組織運営を目的として、共通に、かつ繰り返して使用するための**取り決め**を定めて活用する活動のことです。また、ISO/IEC GUIDE2では、「**実在の問題又は起こる可能性がある問題に関して、与えられた状況において最適な秩序を得ることを目的として、共通に、かつ、繰り返して使用するための記述事項を確立する活動**」を標準化であると定義しています。

組織のパフォーマンスを維持・向上させるためには、製品・サービス、プロセス、およびシステムの品質特性のばらつきを少なくする必要があります。このためには、これらに関する手順を標準化し、この標準を活用する仕組みを構築し、効果的に運営管理することが大切です。

標準化の種類

国際標準化 **（ISO、IECなど）** 世界の全ての国々に関係するもの	**地域標準化** **（欧州規格など）** 世界の特定の地理的、経済的な つながり等の範囲内の国々に関係するもの
国家標準化 **（JIS、JASなど）** ひとつの国に関係するもの	**地域標準化** **（県・市町村条例）** ひとつの国のなかの地理的・経済的な つながりの範囲内で関係するもの
団体標準化 **（業界団体のガイド）** 特定の事業および 構成をもつ組織に関係するもの	**社内標準化** **（社内規定）** 個々の企業に関係するもの

標準化の目的は、無秩序な複雑化を防ぎ、合理的な**単純化**または**統一化**を図ることです。具体的には、次のとおりです。

標準化の目的

- 相互理解・コミュニケーションの促進
- 品質の確保
- 使いやすさの向上
- 互換性の確保
- 生産性の向上
- 維持向上・改善の促進　など

社内標準化とその進め方

社内標準化とは、社内において仕事を効果的・効率的に行うために、繰り返して使用する**取り決め**を定めて活用する活動のことです。

社内標準の種類には、一般的には次に示すものがあります。

社内標準の種類

社内標準	例
マネジメントシステム標準	品質マニュアル、環境マニュアル、情報セキュリティマニュアルなど
技術標準	設計管理規程、製品仕様書、設計図面など
購買標準	購買管理規程、二者監査規程など
製造標準	QC工程図、設備管理規程など
検査・試験標準	検査規程、測定機器管理規程など
出荷標準	梱包規程、輸送規程など
営業標準	営業管理規程、クレーム処理規程など
共通基準	人事管理規程、文書管理規程、教育訓練規程など

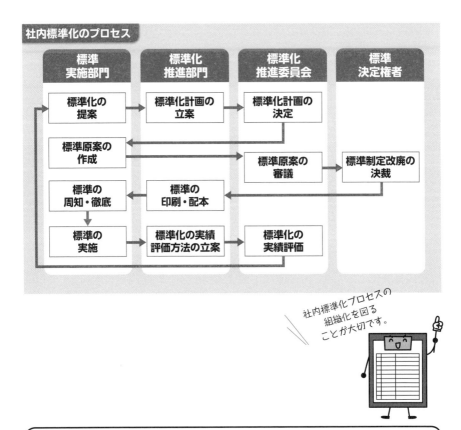

社内標準化のプロセス

標準 実施部門	標準化 推進部門	標準化 推進委員会	標準 決定権者
標準化の 提案	標準化計画の 立案	標準化計画の 決定	
標準原案の 作成		標準原案の 審議	標準制定改廃の 決裁
標準の 周知・徹底	標準の 印刷・配本		
標準の 実施	標準化の実績 評価方法の立案	標準化の 実績評価	

社内標準化プロセスの
組織化を図る
ことが大切です。

産業標準化、国際標準化

　標準化の仕組みの公認機関として代表的なものに、**日本産業標準調査会**（JISC：Japanese Industrial Standards Committee）、**国際標準化機構**（ISO：International Organization for Standardization）などがあります。

　日本産業規格（JIS）は、「我が国の産業標準化の促進を目的とする産業標準化法に基づき制定される任意の国家規格」（JISC HP）です。

　国際標準は、国家間の製品やサービスの交換を助けるために、標準化活動の発展を促進すること、また、知的、科学的、技術的、経済的活動における国家間協力を発展させることを目的として制定される**国際規格**（IS）です。これには、製品の品質、性能、安全性、寸法、試験方法、マネジメントシステムなどに関するものが制定されています。

重要度 ★★

小集団活動

小集団活動

　小集団活動とは、共通の目的およびさまざまな知識・技能・考え方をもつ少人数からなるチームを構成し、日常活動の維持向上・改善、および革新を行うことで、構成員の知識・技能・意欲を高めるとともに、組織の目的達成に貢献する活動のことです。

　小集団活動には、**QCサークル活動**、**チーム活動**などがあり、各組織でさまざまな名称で呼ばれています。品質、コスト、納期などの経営要素について、継続的な改善活動を少人数で行うものです。

QCサークル活動の進め方

　QCサークルとは、現場の第一線で働く人々が、継続的に製品・サービスの品質またはプロセスの質の維持向上および改善を行うための小集団のことです。

　QCサークル活動は、全社的品質管理活動の一環として行うことが基本的な考え方であり、その理念はQCサークル綱領に次のように記述されています。

QCサークルの理念

- 人間の能力を発揮し、無限の可能性を引き出す
- 人間性を尊重して、生きがいのある明るい職場をつくる
- 企業の体質改善・発展に寄与する

QCサークル活動の目的は、次のとおりです。

QCサークルの活動目的

QCサークル綱領の目的	成　果
強い職場をつくる	目標を達成できる能力をもつ組織になる
管理の定着	PDCAおよびSDCAサイクルを適切に回すことができる
職場モラルの高揚	働く人のモチベーションが向上する
良い人間関係をつくる	人々のコミュニケーションが活性化する
職場における改善自主的活動	職場の改善を自主的に行う習慣が身につくようになる
よく考えて、知恵を活かす視野を広める	知識の共有化が図られ、人々および組織の知識の向上を図ることができる
所得の増加	コストダウンが進み、組織の利益向上に役立つことで利益配分が可能になる
品質保証の向上	品質改善などの活動により、製品、プロセス、システムの改善が行われ、品質保証体制のレベルが向上する

QCサークル活動を運営管理するには、次に示す基本原則に基づいた活動をすることが大切です。

QCサークルの基本原則

● **自己啓発**
自分自身で能力を維持・開発することであり、自律的に勉強を行うこと。例えば、QC七つ道具についてQCサークル誌などで自己研鑽(けんさん)することなど

● **自主性グループ活動**
活動計画や会合の実施日・時間などをメンバーで相談して、グループとして自主的に決める

● **全員参画**
メンバー全員で問題を解決することが基本であるので、QCサークル活動での役割を全員で分担することで全員参画の活動になる

● QC手法の活用

問題を効果的かつ効率的に解決するためには、適切な問題解決の手法を活用することが必要で、どのような手法を使うかを検討するためには、それなりの知識を要し、QC手法などを理解しておく必要がある

● 職場と密着した活動

QCサークル活動のメンバーは、職場で仕事をしているため、現在働いている職場に関する改善テーマで活動することで、結果が出た場合に利益を受けることができる

QCサークル活動の進め方

リーダーをメンバーの互選で選出する

テーマをメンバーで検討して決定する

テーマ登録を事務局に連絡する

QCストーリーに基づいて改善活動を行い、毎回の活動の記録を維持する

テーマの改善活動が完了した場合には、改善活動報告書を提出する

改善活動報告会がある場合には、発表用の資料を作成し、発表する

QCサークル活動はこのステップで継続的に実施することが大切です。

人材育成

品質教育とその体系

　組織が競争優位になり持続的成功を収めるためには、短期的な視野で経営を行うのではなく、中長期的な視点でのあらゆる経営活動を行う必要があります。このなかで最も重要である経営資源は、製品・サービスを生み出すために必要な**人的資源**です。このため、要員の**人材開発**を行うことが組織にとって重要な活動のひとつです。

　人材開発にあたっては、**品質教育**を階層ごと項目ごとに継続的に実施することが大切です。品質教育とは、顧客・社会のニーズを満たす製品・サービスを効果的かつ効率的に達成するうえで必要な価値観、知識および技能を組織の全員が身につけるための、体系的な人材育成活動のことです。

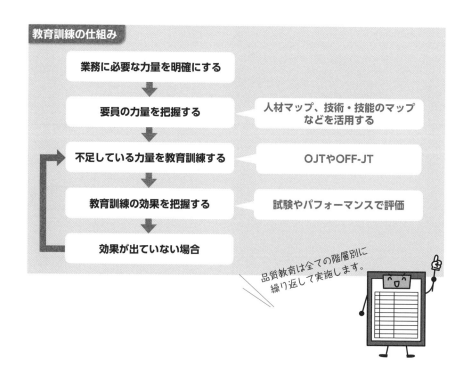

教育訓練の仕組み

業務に必要な力量を明確にする

↓

要員の力量を把握する　→　人材マップ、技術・技能のマップなどを活用する

↓

不足している力量を教育訓練する　→　OJTやOFF-JT

↓

教育訓練の効果を把握する　→　試験やパフォーマンスで評価

↓

効果が出ていない場合

品質教育は全ての階層別に繰り返して実施します。

重要度 ★

品質マネジメント システム

品質マネジメントシステム

品質マネジメントシステムとは、品質に関するマネジメントシステムのひとつです。品質マネジメントシステムは、組織が自らの目標を特定する活動と、組織が望む結果を達成するために必要なプロセスおよび資源を定める活動から成り立っています。

品質マネジメントシステムでは、密接に関連する利害関係者に価値を提供し、かつ、結果を実現するために必要な、相互に作用するプロセスおよび資源を管理する必要があります。

品質マネジメントの原則

品質マネジメントの原則は、品質マネジメントシステムを構築・発展させるためにISO 9000（品質マネジメントシステム－基本及び用語）に示されたものです。これには、次に示す七つの原則が規定されています。

品質マネジメントの原則

- 顧客重視
- リーダーシップ
- 人々の積極的参加
- プロセスアプローチ
- 改善
- 客観的事実に基づく意思決定
- 関係性管理

ISO 9001

　従来、欧米諸国では、品質管理や品質保証の二者間契約に関する規格が、国や企業間で個別に制定されていたため、顧客に製品を納入する供給者は、個々の顧客の要求事項に適合する品質システムを構築・維持しなければならず、非効率的なものとなっていました。このため、このような仕組を排除し、世界共通の品質保証のための品質システム規格としてISO化（**ISO 9001**）が図られました。その後、ISO 9001は品質マネジメントシステムの規格として改訂されています。

　ISO 9001には、次に示す要素に対する要求事項が規定されており、これを採用する組織は、これらの要求事項に適合する仕組みを構築し、運営管理することが求められます。なお、この適合性の評価を行う制度として、**第三者認証制度**があります。

ISO 9001の要求事項	
● 適用範囲	● 計画
● 引用規格	● 支援
● 用語および定義	● 運用
● 組織の状況	● パフォーマンス評価
● リーダーシップ	● 改善

　ISO 9001では、組織が①「**顧客要求事項及び適用される法令・規制要求事項を満たした製品及びサービスを一貫して提供する能力をもつことを実証する**」必要がある場合、②「**品質マネジメントシステムの改善のプロセスを含むシステムの効果的な適用、並びに顧客要求事項及び適用される法令・規制要求事項への適合の保証を通して、顧客満足の向上を目指す**」場合について適用するとしています。

品質経営の要素

問1 品質経営の要素に関する次の文章において、____内に入る最も適切なものを選択肢からひとつ選べ。

① 標準化の目的は、無秩序な複雑化を防ぎ、合理的な____(1)____または統一化を図ることである。

② 標準化を行うことによって、製品間で____(2)____の確保ができる。

③ 日本の国家規格であるJISとは____(3)____のことである。

④ QCサークル活動の基本原則のひとつに、活動計画や会合の実施日・時間などをメンバーで相談してグループとして____(4)____に決めるということがある。

⑤ 顧客要求事項及び適用される法令・規制要求事項を満たした製品及びサービスを、一貫して提供する____(5)____をもつことを実証する必要がある場合に、ISO 9001を適用する。

【選択肢】
ア．日本工業規格　イ．日本産業規格　ウ．単純化　エ．取決め　オ．自主的　カ．能力　キ．互換性　ク．改善　ケ．ISO　コ．技術

問2 品質経営の要素に関する次の文章で、正しいものには○を、正しくないものには×を示せ。

① 社内標準化では、社内で同じような標準が作成されないように標準化のための仕組みをつくる必要がある。　____(1)____

② ISOでつくられている規格は、製品の仕様に関するものだけである。　____(2)____

③ QCサークル活動は自主的に行うものであるので、メンバーになっていても参加したい人だけで実施すればよい。　____(3)____

④ 組織で一番重要な経営資源は人であるので、これらの人々が品質保証のための活動を行うために階層別に教育訓練を行う必要がある。　____(4)____

⑤ 品質マネジメントの原則のひとつに継続的改善がある。　____(5)____

問1 (1) ウ　　(2) キ　　(3) イ　　(4) オ　　(5) カ

(1) 標準化は単純化することが大切（→p.149）。

(2) 部品の共通化を行うことで互換性ができる（→p.149）。

(3) 日本の産業製品に関する規格や測定法などが定められた日本の国家規格が日本産業規格（→p.150）。

(4) QCサークル活動は、自主性を重んじる活動（→p.152）。

(5) ISO 9001は品質マネジメントシステムの能力に関する要求事項（→p.156）。

問2 (1) ○　　(2) ×　　(3) ×　　(4) ○　　(5) ×

(1) 社内標準化では組織的な活動を実施するため、不必要な標準の作成や同じような標準を作成することを防ぐことができる（→p.149）。

(2) 品質マネジメントシステムの規格も制定されている（→p.156）。

(3) QCサークル活動は組織的な活動であり、全員参加が基本（→p.152）。

(4) 品質保証では、教育に始まり教育に終わるともいわれており、常に要員の育成を図るための品質教育が大切（→p.154）。

(5) 継続的改善ではなく、改善（→p.155）。

正解

10

データの取り方・まとめ方①

本日からは品質管理の手法を学びます。
まずは、データの取り方・まとめ方の基本として、
プロセスのアウトプットである
データの収集方法と測定誤差について
見ていきましょう。

重要度 ★★★

データ収集の基本

13日目
20
データの取り方・
まとめ方①

データ収集の目的と種類

❶ データを取る目的

　私たちは、製品・サービスの特性やプロセスの実施状況について**データ**で把握し、問題があればこれを改善するという品質管理活動を日常的に行っています。品質管理活動に必要なデータを取るためには、データを取る**目的**を明確にする必要があります。

> **データを取る目的**
>
> ● 何もわかっていないので、ともかくデータを集めて様子を探ってみたいといった、真理についての**仮説**を求める解析をする
> ● 真理が果たして自分の予想に合っているかを確かめるために、データを取ってみたいといった、設定された仮説の**真偽**を確かめるための解析をする

❷ データの種類

　データとは、何かを数値、文字や符号などのまとまりとして表現したものであり、**数値データ**と**言語データ**に分類できます。

　数値とは、計算や計量・計測をして得られた数であり、日常的に仕事のなかで使用しています。言語とは、人の意思・思想・感情などを伝達するために用いる記号体系です。

データには色々なものがあります。

データの分類

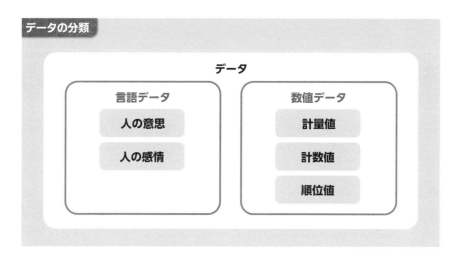

（1）数値データ

　数値データには、**計量値**、**計数値**および**順位値**があります。

　計量値とは、測ることで得られるデータであり、温度、湿度、重量、長さなどのように連続的であるという特徴があります。**計数値**とは、数えることで得られるデータであり、不適合品の数、欠点数（製品1台あたりのキズの数など）などのように離散的であるという特徴があります。また、**順位値**とは、比べることで得られるデータであり、1位、2位などのように離散的であるという特徴があります。

数値データの分類

数値データの例	計量値／計数値	根拠
テープの接着強度（N/mm²）	計量値	連続量として測られる
飲料水中の成分Aの濃度（％）	計量値	分母（内容量）、分子（成分量）とも連続量である
年間の不適合発生件数（個）	計数値	個数が数えられる
毎日の出勤率（％）	計数値	分母（社員数）と分子（出勤者数）が数えられる

⑵ 言語データ

　言語データは、暑い、作業性が悪い、疲れるなど人の意思・感情を表すものです。これは**新QC七つ道具**で分析することができます。

　言語データは、作業性が非常に良い（5）、作業性がやや良い（4）、作業性は普通である（3）、作業性がやや悪い（2）、作業性が非常に悪い（1）というように、意思・感情のレベルを数値に変換して分析することもできます。

❸ データを取る際の注意点

　データを取るということは、何らかの意味で**計測**を行うことです。計測とは、「**特定の目的をもって、事物を量的にとらえるための方法・手段を考究し、実施し、その結果を用い所期の目的を達成させること**」（JIS Z 8103）ですが、これは数字に表すことだけを意味しているのではなく、例えば、2つの製品の寸法を測定機器で測定した数値を用いて2つの製品を比べることも計測になります。なお、データの評価尺度には、**名義尺度**、**順序尺度**、**間隔尺度**、**比例尺度**があります。

　データを取る際にまず考えなければならないことは、測定の目的です。目的が明確でないと、データを取っても結果が得られなかったり、不要なデータまで取ってしまうことになります。

　次に、何を**特性値**とするのか、それを計測するにはどのようにするのかを考えます。測るものが決まったら**測定精度**を考える必要があります。さらに、データを取る際には次の事項にも注意します。

データ収集の注意点

● 日時、場所、測定者など必要事項を記録する
● 文字は誰が見てもわかるように書く
● 収集した都度できるだけ早くグラフ化する
　→グラフ化することで異常を早く発見でき、工程の状態をその都度知ることができる
● サンプリング誤差、測定誤差に気を配る
● **サンプリングと測定法は標準化し、標準を必ず守る**

サンプリング誤差とは、サンプリングに起因する測定量の誤差のこと、
測定誤差とは、測定において発生する誤差のことです。

重要度 ★★★

母集団とサンプルの考え方

母集団とサンプル

　製品・サービスの特性やプロセスの状況に関する全ての情報について、データを取ることは困難です。このため、品質管理では、対象となる**母集団**から**サンプル**を取り、それを計測したデータから母集団を判断し、問題がある場合には母集団に対して処置を行います。**母集団**とは処置の対象となる元の集団のことであり、**サンプル**とは母集団を知るために抜き取ったもののことです。

　母集団は、例えば、同じ作業標準、機械で生産し、明日以降も生産し続けている部品や製品全体のことです。同じ工程で同じ時期に生産された部品が50個あるとしたらこの50個がロットで、明日以降も含めて毎日生産している部品全体を母集団と考えます。

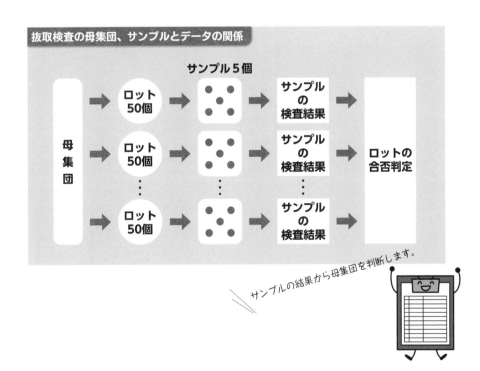

抜取検査の母集団、サンプルとデータの関係

サンプル5個

母集団 → ロット50個 → ⚄ → サンプルの検査結果

母集団 → ロット50個 → ⚅ → サンプルの検査結果 → ロットの合否判定

母集団 → ロット50個 → ⚄ → サンプルの検査結果

サンプルの結果から母集団を判断します。

抜取検査時以外にも、工程の品質水準がどの程度であるのかを推定するために工程からサンプルを取り、データを分析し、必要な場合には何らかの処置をとることがあります。

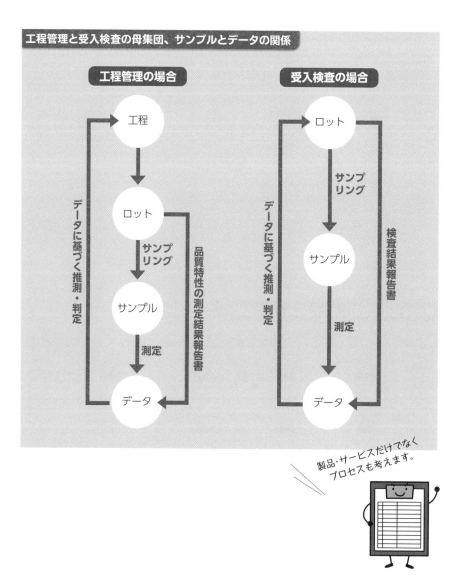

工程管理と受入検査の母集団、サンプルとデータの関係

工程管理の場合

工程 → ロット → サンプリング → サンプル → 測定 → データ

データに基づく推測・判定

品質特性の測定結果報告書

受入検査の場合

ロット → サンプリング → サンプル → 測定 → データ

データに基づく推測・判定

検査結果報告書

製品・サービスだけでなく
プロセスも考えます。

重要度 ★★

サンプリングと誤差

サンプリング

サンプリングとは、母集団からサンプルを取ることです。サンプリングは得られたサンプルを測定し、データから母集団について目的にあった必要な情報をつかむために行うものです。

このサンプリングを効果的に行うためには、母集団を構成している、製品、設備、人などの要素を無作為に選ぶ必要があります。無作為とは、サンプリングする人の意思が入らないように、母集団からサンプルとして選ばれる確率が、どの要素も等しくなるような選び方です。このようなサンプリング方法を**ランダムサンプリング**といいます。

ランダムサンプリングを行う方法としては、**乱数表**（あらかじめランダムに数字が書かれた数値表）やサイコロなどを利用します。

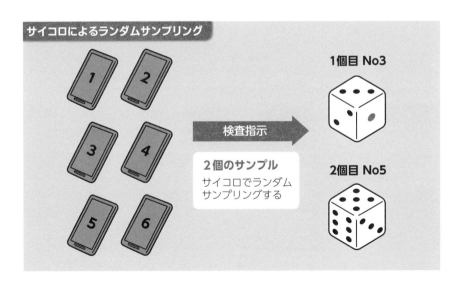

サイコロによるランダムサンプリング

1個目 No3

検査指示

2個のサンプル
サイコロでランダム
サンプリングする

2個目 No5

これに対して、サンプリングする人がサンプルを特定して選ぶ方法を**有意サンプリング**といいます。

ランダムサンプリングには次に示す種類があります。

単純サンプリング

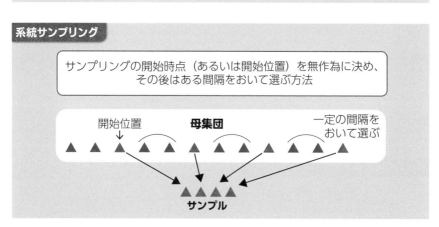

母集団全体から無作為にサンプルを選ぶ方法

系統サンプリング

サンプリングの開始時点（あるいは開始位置）を無作為に決め、
その後はある間隔をおいて選ぶ方法

層別サンプリング

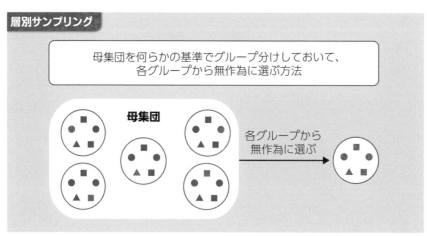

母集団を何らかの基準でグループ分けしておいて、
各グループから無作為に選ぶ方法

集落サンプリング

母集団を何らかの基準でグループ分けしておいて、
グループを無作為に選び、選ばれたグループの要素はすべて調べる方法

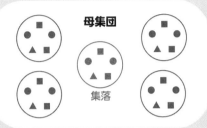

二段サンプリング

母集団を何らかの基準で階層的にグループ分けしておいて、
最初にグループを無作為に選び、次に選ばれたグループから、
サブグループを無作為に選ぶ方法

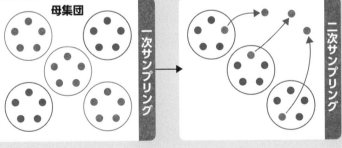

誤 差

　製品の特性を測定することで規格を満たしているか否かを判断できますが、
測定には**誤差**がつきものです。例えば、同一の製品を何度か測定したら一回一
回測定値が異なった、何人かで同一の製品を測定したらそれぞれ測定値が異
なった、測定機器を替えたら測定値が異なったということがあります。

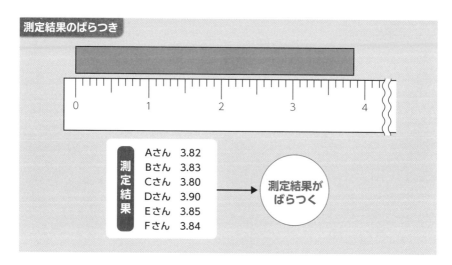

測定結果のばらつき

測定結果		
Aさん	3.82
Bさん	3.83
Cさん	3.80
Dさん	3.90
Eさん	3.85
Fさん	3.84

測定結果がばらつく

このように、サンプルを測定する際には**測定誤差**が伴うので注意が必要です。測定値には常に誤差が含まれ、永遠に真の値そのものを知ることはできません。誤差が発生する要因には、測定者に**クセ**がある、測定者の体調に**ばらつき**がある、測定機器の動作に**ばらつき**があるなどがあります。誤差は、次の式で表すことができます。

> 誤差＝測定値—**真の値**

誤差の真の値に対する比を相対誤差といいます。なお、真の値とは、ある特定の量の定義と合致する値のことであり、特別な場合を除き、観念的な値で、実際には求められないものです。

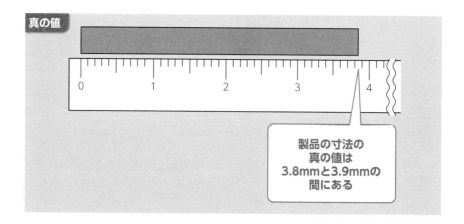

真の値

製品の寸法の
真の値は
3.8mmと3.9mmの
間にある

データの取り方・まとめ方①

理解度check

問1 データの取り方・まとめ方に関する次の文章において、◯ 内に入る最も適切なものを選択肢からひとつ選べ。

① 重量、引張り強さなど連続量として測られる品質特性の値を (1) という。

② 不適合品の数、１カ月間の設備の停止回数などのように個数を数えて得られる品質特性の値を (2) という。

③ 水のおいしさや車の形のよさなどを、よいと思う方から１位、２位……のように順位によって測定結果を表した値を (3) という。

④ サンプリングは得られたサンプルを測定し、データから (4) について目的にあった必要な情報をつかむために行う。

⑤ 製品の特性を測定することで製品の規格を満たしているか否かを判断できるが、測定には (5) が存在する。

> 【選択肢】
> ア．分類値 イ．測定誤差 ウ．欠点数 エ．サンプル オ．母集団 カ．偏り キ．計量値 ク．言語値 ケ．順位値 コ．計数値

問2 データの取り方・まとめ方に関する次の文章において、正しいものには ◯ を、正しくないものには × を示せ。

① データには、言語データと数値データがある。 (1)

② 毎日の出勤率（％）は計量値である。 (2)

③ 工程管理では、工程からロットを抜き取り、そのロットからサンプリングでサンプルを取り、そのサンプルを測定し、その結果からその工程を推測・判定する。 (3)

④ 乱数表を利用する場合のサンプリングの方法は有意サンプリングである。 (4)

⑤ サンプリングの開始時点を無作為に決め、その後はある間隔をおいて選ぶ方法を系統サンプリングという。 (5)

問1　(1) **キ**　　(2) **コ**　　(3) **ケ**　　(4) **オ**　　(5) **イ**

(1)　計量値とは、測ることで得られる連続的なデータ （➡p.161）。

(2)　計数値とは、数えることで得られる離散的なデータ （➡p.161）。

(3)　順位値とは、比べることで得られる離散的なデータ （➡p.161）。

(4)　母集団とは処置の対象となる元の集団のことであり、サンプルとは母集団を知るために抜き取ったもの （➡p.163）。

(5)　サンプルを測定する際には測定誤差が伴うので注意する必要がある （➡p.168）。

問2　(1) **○**　　(2) **×**　　(3) **○**　　(4) **×**　　(5) **○**

(1)　データは、何かを数値、文字や符号などのまとまりとして表現したもの （➡ p.160）。

(2)　分母の社員数と分子の出勤者数は数えられるので計数値 （➡p.161）。

(3)　工程の状態を把握するためには、工程からランダムにサンプルを取り、それを測定し、得られたデータを分析して工程の状態を推測・判定する （➡p.164）。

(4)　乱数表を利用するのはランダムサンプリング。有意サンプリングとは、サンプリングする人がサンプルを特定して選ぶ方法 （➡p.165）。

(5)　例えば、1時間ごとにサンプルを選択するという方法は系統サンプリング （➡ p.166）。

正解

―――――

10

データの取り方・まとめ方②

基本統計量の考え方について学びます。
データの分析を行う手法を理解しましょう。

重要度 ★★★

基本統計量

基本統計量

　データはただ単に集めて眺めるだけでは、どのようなことが分かるのかを判断することはできません。集めたデータから何が分かるのかを明確にするために、これらを統計的に分析する必要があります。

　データ分析の基本となるのが**基本統計量**であり、**平均値**、**中央値（メジアン）**、**範囲**、**平方和**、**分散**、**標準偏差**、**変動係数**があります。これらは集めたデータから計算式に基づいて算出することができます。

平均値（$\bar{x}$）

　平均値とは、データの総和をデータ数で割った値で、データの中心的な位置を表すものであり、次の式で表せます。

$$平均値\ \bar{x} = \frac{x_1 + x_2 + \cdots + x_n}{n} = \sum_{i=1}^{n} x_i / n$$

平均値

1日～5日の作業準備時間を測定したところ、次のようになり、平均値を求めることにした

1日	2日	3日	4日	5日
12分	10分	14分	9分	10分

$$\bar{x} = \frac{x_1 + x_2 + \cdots + x_n}{n}$$

$$= \underbrace{(12+10+14+9+10)}_{データの総和} \div \underbrace{5}_{データ数} = 55 \div 5 = 11.0\ (分)$$

➡ 作業準備時間は**平均11.0分**かかっている

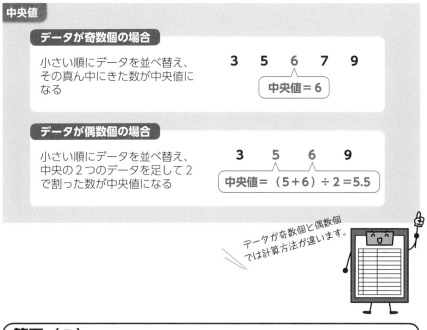

中央値（$\tilde{x}$）

中央値（メジアン）とは、n個のデータx_1、x_2、x_3……x_nがあるときに、これらのデータを小さい順に並べ替えた場合に、中央に位置する値のことです。

データの中央値は、データが**奇数個**の場合には、中央に位置するデータの値になり、データが**偶数個**の場合には、中央に位置する2つのデータの平均値になります。

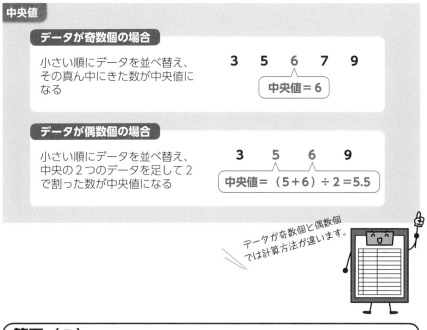

中央値

データが奇数個の場合

小さい順にデータを並べ替え、その真ん中にきた数が中央値になる

3　　5　　6　　7　　9

中央値＝6

データが偶数個の場合

小さい順にデータを並べ替え、中央の2つのデータを足して2で割った数が中央値になる

3　　5　　6　　9

中央値＝（5＋6）÷2＝5.5

データが奇数個と偶数個では計算方法が違います。

範囲（R）

範囲とは、集めたデータの**最大値**から**最小値**を引いた値であり、データの中心的傾向とばらつきを見ることができます。範囲は負の値をとることはありません。範囲は、次の式で表されます。

範囲R＝最大値x_{max}－最小値x_{min}

範囲が大きいと「ばらつきの程度は**大きい**」といえ、範囲が小さいと「ばらつきの程度は**小さい**」といえます。しかし、データ数が多くても少なくても、範囲で利用するデータは、最大値と最小値のみです。

このため、データ数が多いとデータから得られる情報を活用しにくいので、データ数が少ない（$n \leq 9$）ときに使用したほうが効果的です。

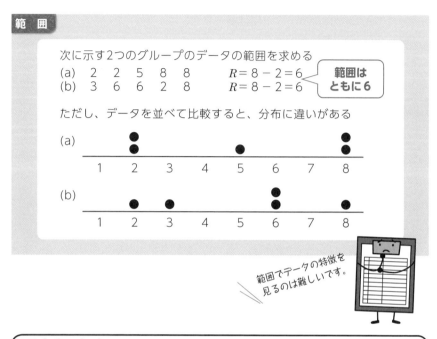

範囲でデータの特徴を見るのは難しいです。

平方和（S）

　範囲は、データのばらつきを判断するひとつの方法です。しかし、例えば2つのデータのグループで範囲が同じであった場合に、これだけではばらつきが同じであると判断することはできません。このため、データの**ばらつきの程度**を評価する必要があります。

　ばらつきの程度は個々のデータを見ただけでは、数値が大きい、小さいということしか判断できません。そこでデータ間の**差**をとるという方法で確認しますが、データ間の差をひとつずつ把握しようとすると計算が大変になります。

　そこで、**偏差**に着目します。偏差とは、個々のデータ（x_1、x_2、x_3……x_n）からデータの平均値（$\bar{x}$）を引いたものです。偏差は次の式で表されます。

$$x_1 - \bar{x}、\ x_2 - \bar{x}、\ \cdots\cdots、\ x_n - \bar{x}$$

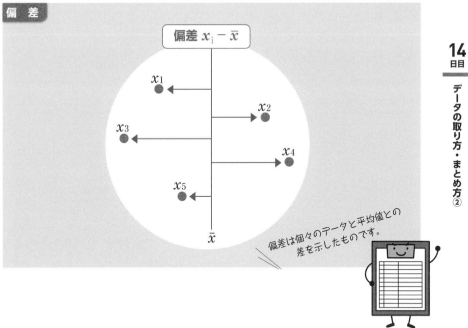

偏差は個々のデータと平均値との差を示したものです。

　個々の偏差の値を見ることで、個々のばらつきの程度は調べられますが、データからどのような情報が得られるかという全体的な判断をすることは難しいです。

　このため、偏差の合計をして判断しようと考えられますが、偏差の合計は0になってしまうので、これをそのまま分析に使うことはできません。

$$(x_1-\bar{x}) + (x_2-\bar{x}) +\cdots\cdots+ (x_n-\bar{x}) =0$$

　このため、偏差を**2乗**してデータ変換することで分析できるようになります。これが**平方和**（偏差を2乗して合計したもの）です。平方和（S）は次の式で表せます。

$$平方和\ S= (x_1-\bar{x})^2+ (x_2-\bar{x})^2+\cdots\cdots+ (x_n-\bar{x})^2$$

　ばらつきが大きくなると平方和の値も大きくなります。全てのデータが同じ値の場合には、ばらつきが全くないことになるので、平方和は0になります。

次のデータから平方和を求める

(a)　2　2　5　8　8

　　平均値 $\bar{x}=\dfrac{(2+2+5+8+8)}{5}=5.0$

　　平方和 $S=(2-5.0)^2+(2-5.0)^2+(5-5.0)^2+(8-5.0)^2+(8-5.0)^2$
　　　　　　$=36.0$

(b)　3　6　6　2　8

　　平均値 $\bar{x}=\dfrac{(3+6+6+2+8)}{5}=5.0$

　　平方和 $S=(3-5.0)^2+(6-5.0)^2+(6-5.0)^2+(2-5.0)^2+(8-5.0)^2$
　　　　　　$=24.0$

平均値も範囲も同じですが、
平方和は異なります。

分散（V）

　平方和は偏差の2乗の合計値であり、データ数が多くなるとばらつきの大きさに関係なく**大きく**なるという特徴があります。このため、データ数が違うグループのばらつきを比較するのには適していないので、平方和 S をデータ数で調整することで対応します。

　これには、平方和を（データ数 -1）で割ります。これで計算した結果を**分散**（V または s^2）といいます。

　分散（V）は次の式で表せます。

分散 $V=\dfrac{S（平方和）}{n-1（データ数-1）}$

分　散

次のデータから分散を求める

（a）　2　2　5　8　8

先ほどの計算 ［→p.176（a）］ より、平方和 $S=36.0$

分散 $V=\dfrac{36.0}{5-1}\ \ =9.0$

（b）　2　3　5　5　6　6　7　8　9　9

平方和 $S=(2-6.0)^2+(3-6.0)^2+(5-6.0)^2+(5-6.0)^2$
　　　　　　$+(6-6.0)^2+(6-6.0)^2+(7-6.0)^2+(8-6.0)^2$
　　　　　　$+(9-6.0)^2+(9-6.0)^2$
　　　　　$=50.0$

分散 $V=\dfrac{50.0}{10-1}\ \ ≒5.56$

標準偏差（s）

　平均値の単位は、もとのデータの単位と同じですが、平方和の単位は、2乗しているのでこれに伴い単位は2乗になります。また、分散も平方和を（$n-1$）で割りますので、これも単位は2乗になります。

　このため、単位をもとのデータの単位と同じにするために、分散の平方根をとります。この数値を**標準偏差**（s）といい、次のように表せます。

標準偏差 $s=\sqrt{V}\ =\ \sqrt{\dfrac{S}{n-1}}$

次のデータから標準偏差を求める

2　2　5　8　8

先ほどの計算 [→p.176（a）] より、平方和 $S = 36.0$

また、分散は $V = \dfrac{36.0}{5-1} = 9.0$

よって、標準偏差は、

$$s = \sqrt{V} = \sqrt{9.0} = 3.00$$

変動係数（CV）

　標準偏差の単位は、もとのデータの単位と同じですが、製品の重量のばらつきと寸法のばらつきを比較しようとしたときに、重量と寸法では単位が違うので標準偏差を使うことができません。また、単位が同じでも、例えば10gの重量を測定するときのばらつきと、1gの重量を測定するときのばらつきを比較することは意味がありません。

　このように、**単位が違うばらつきの比較**や、単位が同じでもデータの平均値が大きく異なるばらつきを比較するには**変動係数**を用います。変動係数とは、**標準偏差**と**平均値**の関係を示したものであり、次の計算式で表せます。このように計算することでデータの単位には左右されなくなります。

変動係数 $CV = \dfrac{s（標準偏差）}{\bar{x}（平均値）}$

次に示すデータの変動係数を求める

2　2　5　8　8

これまでの計算結果より、

　平均値 $\bar{x} = 5.0$　標準偏差 $s = 3.00$

よって変動係数は、

$$CV = \dfrac{3.00}{5.0} = 0.60$$

データの取り方・まとめ方②

理解度check

問1 基本統計量に関する次の文章において、◯◯◯内に入る最も適切なものを選択肢からひとつ選べ。

① 5日間の不適合製品数が、2、5、2、6、4であった。平均値を求めると ◯(1)◯ となる。

② 4日間の不適合製品数が、2、5、2、6であった。メジアンを求めると ◯(2)◯ となる。

③ 5日間の不適合製品数が、2、5、2、6、4であった。範囲を求めると ◯(3)◯ となる。

④ データの数が5で、分散が9.0の場合、平方和Sは ◯(4)◯ となる。

⑤ データの単位が違うばらつきを比較するには ◯(5)◯ を用いる。

> 【選択肢】
> ア. 2.5　イ. 3.5　ウ. 3.8　エ. 4　オ. 5　カ. 36.0　キ. 45.0　ク. 変動係数　ケ. 標準偏差

問2 基本統計量に関する次の文章で、正しいものには◯を、正しくないものには×を示せ。

① 分散は、平方和と（データ数－1）から計算できる。 ◯(1)◯

② 平均値2.0で標準偏差が1.00の場合、変動係数は2.00になる。 ◯(2)◯

③ 偏差とは、個々のデータ（x_1、x_2、x_3……x_n）からデータの平均値（$\bar{x}$）を引いたものである。 ◯(3)◯

④ 4、2、5、2、1の中央値は3.0である。 ◯(4)◯

⑤ データが、1、2、4、5の場合、平方和は10.0である。 ◯(5)◯

データの取り方・まとめ方②

問1 (1) **ウ**　　(2) **イ**　　(3) **エ**　　(4) **カ**　　(5) **ク**

(1)　$\bar{x} = \dfrac{2+5+2+6+4}{5} = 3.8$　(➡p.172)。

(2)　データを小さい順に並べ替える　2、2、5、6
　　　$2+5=7$、$7 \div 2 = 3.5$　(➡p.173)。

(3)　$6-2=4$　(➡p.173)。

(4)　$V = \dfrac{S}{n-1}$　なので、$S = 9.0 \times (5-1) = 36.0$　(➡p.176)。

(5)　標準偏差を平均値で割ったものが変動係数　(➡p.178)。

問2 (1) ○　　(2) ×　　(3) ○　　(4) ×　　(5) ○

(1)　$V = \dfrac{S}{n-1}$ で計算できる　(➡p.176)。

(2)　$CV = \dfrac{s}{\bar{x}} = \dfrac{1.00}{2.0} = 0.50$になる　(➡p.178)。

(3)　偏差は、$x_1 - \bar{x}$、$x_2 - \bar{x}$、……$x_n - \bar{x}$になる　(➡p.174)。

(4)　1、2、2、4、5であるので中央値は2　(➡p.173)。

(5)　$\bar{x} = \dfrac{1+2+4+5}{4} = 3.0$

　　　$S = (1-3.0)^2 + (2-3.0)^2 + (4-3.0)^2 + (5-3.0)^2$
　　　$= (-2.0)^2 + (-1.0)^2 + 1.0^2 + 2.0^2$
　　　$= 4.0 + 1.0 + 1.0 + 4.0$
　　　$= 10.0$　(➡p.175)

正解

10

QC七つ道具①

QC七つ道具について学びます。
まずは、**層別**、**パレート図**、**特性要因図**、
チェックシート、**グラフ**について
確認していきましょう。

QC七つ道具〜層別

QC七つ道具①

QC七つ道具

　QC七つ道具とは、品質管理を進めるうえで、基礎になるデータのまとめ方に関するツールの集合のことであり、通常、**層別**、**パレート図**、**特性要因図**、**チェックシート**、**グラフ/管理図**、**ヒストグラム**、**散布図**のことをいいます。層別はデータを直接扱っていないため、パレート図、特性要因図、チェックシート、グラフ、管理図、ヒストグラム、散布図をQC七つ道具という場合もあります（管理図は19日目に詳しく学習します）。

　これらは品質管理で使用する基礎的な手法であり、これらを活用することにより現場・職場の問題の大半が解決可能になります。

層　別

　層別とは、データがどのような要素からできているのかがわかるように、データを要素ごとに分ける手法であり、層別することでデータから得られた情報を正しく分析できるようになります。層別は、パレート図、特性要因図、チェックシート、グラフ/管理図、ヒストグラム、散布図で適用できます。

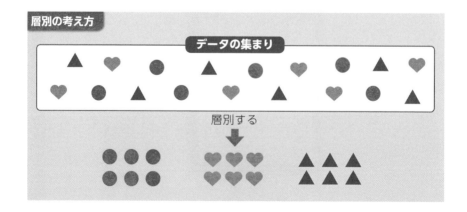

QC七つ道具〜パレート図

パレート図

　パレート図とは、項目別に層別して、出現頻度の大きさの順に並べるとともに、**累積和**を示した図のことです。さまざまな要因をある目的のために分類し、項目ごとの割合を可視化することで、どのような問題を重点的に改善したらよいかを導くことができます。

　パレート図は、対策の改善効果を示すために、対策前と対策後の2つのパレート図を並べて表すこともあります。

パレート図の特徴

- どの項目が最も問題かを見つけることができる
- 問題の大きさの順位が一目で分かる
- ある項目が全体のどの程度を占めているかを知ることができる
- どの項目とどの項目を改善すれば、不具合をどの程度解決できるかが分かる
- 問題の大きさが一目で理解できるために説得力がある
- 複雑な計算を必要としないで簡単に作成できる

パレート図作成の注意事項

- 特性（縦軸）は悪さ加減（不適合品数、不適合率など）にすること
- 分類項目（横軸）に原因と現象を混在させないこと
- 分類項目（横軸）は、解析や処置をとりやすくするために、現象別でなく原因別とすること
- 分類項目（横軸）は要因別に層別すること
- その他の項目の特性の値が大きすぎる場合は、分類方法を見直すこと
- 横軸の項目のなかですぐに対策が打てるものには、順位は低くてもすぐ対策を打つこと
- 特性要因図との関係を明確にすること

パレート図作成の手順

手順1 パレート図作成の準備作業として、データをまとめる

手順2 おおよそ正方形になるように縦軸と横軸を引き、それぞれに特性名を記入する

手順3 図のタイトルを入れ、左右の縦軸に単位を記入する

手順4 総数量nの値とデータ集計期間を枠内に記入する

手順5 作成日と作成者名を記入する

手順6 項目側の目盛りはnを考慮し、累積比率側は全長の1/2を50%として等間隔にとる

手順7 手順1のデータでまとめた表をもとに棒グラフを作成する（項目名の記入を忘れずに）

手順8 手順7で作成した項目の数値を記入する

手順9 累積比率に沿って、折れ線グラフを作成する。累積点は棒グラフ右上隅に置き、2つ目の項目以降も、同じように作成する

手順10 記入漏れの箇所がないか確認し、完成させる

次のページで実際の例を
見てみましょう

パレート図作成の例

　ある期間の不適合品数を取ってみたら、不適合品数の合計（n）は230個だった。不適合項目は、塗装剥離、寸法相違、損傷、色彩相違、その他の5つ。このパレート図を作成して、不適合の発生状況を把握する。

表1　不適合品数のまとめ

不適合項目	不適合品数	比率（%）
塗装剥離	85	37.0
寸法相違	65	28.3
損傷	40	17.4
色彩相違	25	10.8
その他	15	6.5
合計	230	100.0

作成のポイント
● 数の大きい順に並べる
● 数の少ないものは、その他としてまとめ、表の最後にもってくる

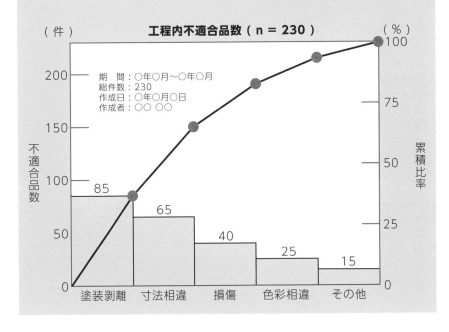

重要度 ★

QC七つ道具〜
特性要因図

特性要因図

　特性要因図は、結果の特性とそれに影響を及ぼしていると思われる**要因**との関係を整理して、魚の骨のような図に体系的にまとめたもので、石川ダイアグラムともいわれます。これは特性と要因の関係の整理に役立ち、原因についての仮説を議論するときに用います。通常、**要因解析**のステップで使用されます。

　特性要因図の背骨の先端の部分（矢印の右端）には、**特性**（結果を表すもの）を置き、骨の部分（矢印の直線）には、それに影響を及ぼす要因を置いて作成します。大骨の部分にはいわゆる4M（人、機械・設備、原材料、方法）に相当するものを置きます。

特性要因図の特徴

- 図示することにより、特性と要因の関係が一目でわかる
- 原因と結果の関係が明確になる
- 全員の知識を集めて要因を整理できる
- 全員の認識を合わせることで問題の共有ができる

特性要因図作成の注意事項

- パレート図との関係を明確にすること
- 真の原因を把握すること
- 特性に対して真の原因の検証を行うこと
- 要因を絞り込むこと

　なお、特性要因図には、**要因追究型**や**方策展開型**があります。例えば、要因追究型では、「納期が遅れるのは」「使いたい治工具がいつも散乱しているのは」「かしめるときに打痕がたくさんできるのは」など、方策展開型では、「売上高を上げるには」「サービスを間違いなく行うためには」などのテーマを分析します。

特性要因図作成の手順

手順1 **特性の設定**
どのような特性について分析を行うかを明確にする

手順2 **特性要因図の基本図の作成**
背骨を描き、原因を追究すべき特性を決める

手順3 **要因の抽出**
問題に対する要因を全員で抽出する。テーマにもよるが、一人10件程度抽出することが望ましい。抽出時は、個人ごとに付箋などを使って書き出す。付箋に書くと、後で要因を層別する際にそのまま利用できるという利点がある

手順4 **手順3から大骨を抽出する**
一般的に大骨は4M（人、機械・設備、原材料、方法）を用いることが多いが、これ以外にも層別できる要素（計測、管理、環境、時間など）があれば、4Mに限定する必要はない

手順5 **大骨から中骨、小骨、孫骨、ひ孫骨と細分化する**
大骨を決めた後に大骨にグルーピングされた付箋をいくつかの要因に分類し、分類したものが中骨（一次原因）になる。これを、さらに小骨、孫骨、ひ孫骨と繰り返し、原因を明確にする

手順6 **特性要因図の作成**
でき上がった特性要因図を見直して、原因と結果に関連性があるか、ほかに要因が漏れていないかなどについて検討する。漏れている場合は追加する

手順7 **重要要因の絞り込み**
作成した特性要因図から全員で真の原因を検討する。データで検証した原因があれば、作成した特性要因図にデータを書き込む。このデータ数が一番多いのが真の原因といえるが、データがない場合は全員でこれだと思う原因を議論・多数決などの方法で抽出する

特性要因図の例

　製造部門では、加工工程において寸法不良が増加していることが問題になっている。この原因を追究するため、加工グループのメンバーが集まって、特性要因図を作成した。

寸法不良の特性要因図

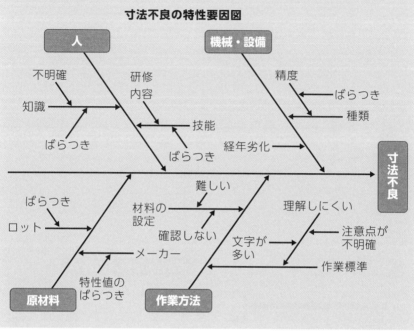

この場合の特性は寸法不良、
大骨は人、機械・設備、原材料、
作業方法です。

重要度 ★★

QC七つ道具〜チェックシート

チェックシート

チェックシートとは、データが簡単に取れ、そのデータを整理しやすいようにしたシートのことです。チェックするとは、ある条件を備えているかを確認する行為です。ある条件とは、定量的なものには、有・無、規格値超・未満、数量、使用・完全不使用があり、定性的なものには、良好・不調、適切・不適切などがあります。

チェックシート作成の目的は、事実を観察したその結果を正しく表現することです。日々多忙な職場環境では、そのデータが簡単に取れない、あるいはデータを取っても整理に手間取ってアクションに結びつかないことがあります。

このため、実際の現場でデータ収集をしやすく、点検・確認項目が漏れなくチェックできるように、あらかじめ層別を考慮して設計する必要があります。実際の作業と同時進行でデータを取ることができれば、データが簡単に取れ、取ったデータの整理もしやすくなります。

チェックシートの特徴

- 調査用と点検用がある
- データが簡単に取れる
- 点検・確認項目の漏れがないようになる
- 誰でも使える

チェックシートは分析に役立ちますね。

- 運用、作成の目的を明確にすること
- チェック後のデータをどうするのか、またはどうしたいのかを明確にすること
- 5ゲン主義（現場・現物・現実的＋原理・原則→p.43）に基づいたものにすること
- 基本的には項目は縦軸、時系列は横軸にすること
- 5W1H（誰が、いつ、どこで、何を、なぜ、どのように）の情報を様式に含める、もしくは明確にすること
- チェック方法には記述式を用いるとより現状を明確に把握することができる
- チェック項目には曖昧な表現を用いないこと

　寸法不良の発生状況を調査するために、チェックシートを作成する。

・曜日・時間帯（AM、PM）別
・作業者（A、B）別
・機械（作業者A：1、2、3号機、
　　　　作業者B、4、5、6号機）別

寸法不良の発生状況チェックシート

作業者	設備No	月 AM	月 PM	火 AM	火 PM	水 AM	水 PM	木 AM	木 PM	金 AM	金 PM
A	1	/			/				/	/	
	2										
	3	//							//		
B	4		/						//	//	
	5		//								
	6		//			//	/			/	/

重要度 ★

QC七つ道具〜グラフ

グラフ

現場には、多くのデータや統計資料がありますが、**グラフ**には文章や数値を読むわずらわしさがなく、データの傾向や関係、対比などが容易に理解できる利点があります。どのようなグラフを選んだらよいかは、データや統計資料で何を知らせ、表現したいかによります。

グラフには、**棒グラフ**、**円グラフ**、**折れ線グラフ**、**レーダーチャート**、**帯グラフ**などがあります。

グラフの特徴

- 情報がより早く読みとれ、十分理解できる
- 数字だけでは発見できない問題もグラフ化すると発見しやすい
- 内容を強力にアピールし、説得力がある
- 誰でも簡単に作成できる

❶ 棒グラフ

棒グラフは、縦軸に特性値をとり、横軸に分類項目をとって柱状に表現したもので、数値の**大小**を比較することができます。

棒グラフは、棒の幅は一定、棒の幅と棒と棒の間の間隔は**2：1**、数値の大小を比較するので縦軸の目盛りの底辺はゼロになります。

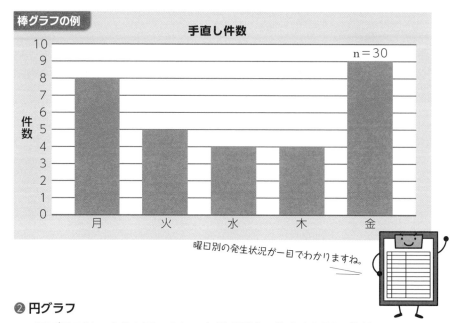

棒グラフの例

手直し件数

n＝30

件数

月　火　水　木　金

曜日別の発生状況が一目でわかりますね。

❷ 円グラフ

　円グラフは、全体を円で表し、各構成要素の比率を円弧に分割して示した
もので、全体と部分、部分と部分等の**割合**を見ることができます。

　円グラフは、大きいものから順に右から左（時計回り）に、その他は割合
が大きくても最後に配置します。

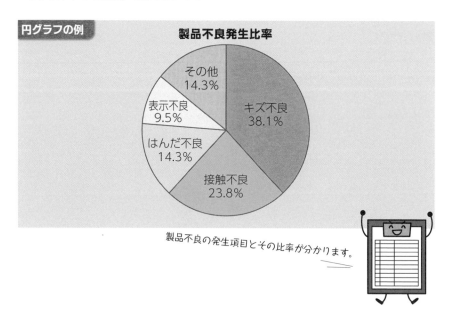

円グラフの例

製品不良発生比率

その他
14.3%

表示不良
9.5%

はんだ不良
14.3%

キズ不良
38.1%

接触不良
23.8%

製品不良の発生項目とその比率が分かります。

❸ 折れ線グラフ

折れ線グラフは、特性値を縦軸にとり横軸にデータを収集した順序をとっ
て打点し、線で結んだもので、数値の**時間的変化**の状態を見ることができま
す。一般的には、横軸は時間的経過で、縦軸は数値にします。

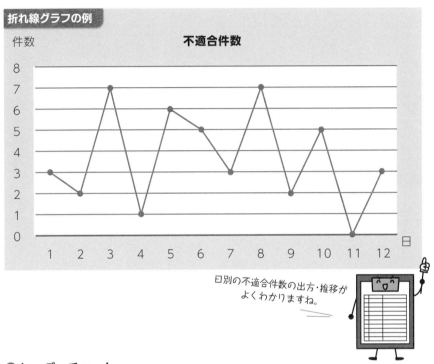

日別の不適合件数の出方・推移が
よくわかりますね。

❹ レーダーチャート

レーダーチャートは、いくつかの項目間の数値のバランスを見るものであ
り、多角形の頂点の方向に目盛りをつけ、項目ごとのデータを打点して線で
結んだものです。これは、項目間の数値の**バランス**の状態を見るとともに、
全体像を総合的に見ることができます。

レーダーチャートを作成する際は、評価項目、評価尺度を決めておきます。
複数回の評価を重ねて示すことで評価の推移を確認することもできます。

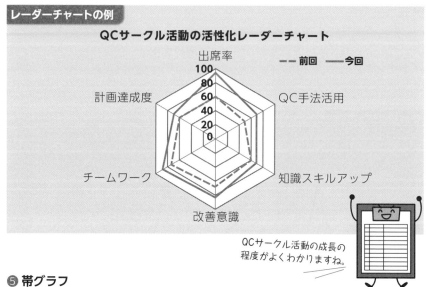

QCサークル活動の成長の
程度がよくわかりますね。

⑤ 帯グラフ

　帯グラフは、全体を長方形で表し、各構成要素の比率をさらに小さい長方形に分割することによって示したもので、全体と部分、部分と部分などの割合を見ることができます。時系列で並べると割合の推移も確認できます。

　帯グラフは、大きいものから順番に左から右に、その他は数が多くても最後に配置します。

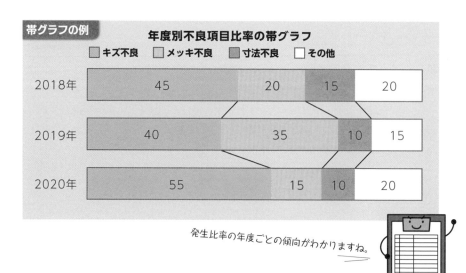

発生比率の年度ごとの傾向がわかりますね。

15日目

QC七つ道具① 　　　　　理解度check

問1 QC七つ道具に関する次の文章において、◯◯◯内に入る最も適切なものを選択肢からひとつ選べ。

① 項目別に層別して、出現頻度の大きさの順に並べるとともに、累積和を示した図のことを ◯(1)◯ という。

② 特性要因図は、特性と要因の関係の整理に役立ち、通常、 ◯(2)◯ のステップで使われる。

③ チェックシートは、現場で ◯(3)◯ をしやすく、点検・確認項目が漏れなくチェックできるように、あらかじめ設計する必要がある。

④ グラフには文章や数値を克明に読むわずらわしさがなく、データの傾向や関係、 ◯(4)◯ などが容易に理解できる利点がある。

⑤ データがどのような要素からできているのかがわかるように、データを要素ごとに分ける手法を ◯(5)◯ という。

【選択肢】
ア．要因解析　イ．現状把握　ウ．グラフ　エ．パレート図　オ．対比
カ．つながり　キ．層別　ク．区分　ケ．データ収集　コ．検査

問2 QC七つ道具に関する次の文章において、正しいものには◯を、正しくないものには×を示せ。

① QC七つ道具の層別ができるのは、パレート図、特性要因図であり、チェックシートには層別は使えない。　◯(1)◯

② パレート図のその他の項目の特性の値が他の項目に比べて大きすぎる場合は、分類方法を見直す必要がある。　◯(2)◯

③ 特性要因図は、要因追究を行うものであるので、方策展開には使用できない。　◯(3)◯

④ チェックシートは、必ず表形式でなければならない。　◯(4)◯

⑤ 帯グラフは、全体を長方形で表し、各構成要素の比率をさらに小さい長方形に分割することによって示したものである。　◯(5)◯

QC七つ道具①

問1 (1) エ　　(2) ア　　(3) ケ　　(4) オ　　(5) キ

(1) パレート図は出現度数とその累積和からできている（➡p.183）。

(2) 特性に対してどのような原因があるのかを探るのは要因解析のステップで行う（➡p.186）。

(3) 作業の結果の状態を把握するには、データを収集することが必要になるので、事前にチェックシートを作成する（➡p.189）。

(4) グラフは、特性の傾向や項目ごとの関係、項目と項目の対比が分かりやすい（➡p.191）。

(5) データには色々な要素が含まれており、要素ごとに分けることを層別という（➡p.182）。

問2 (1) ×　　(2) ○　　(3) ×　　(4) ×　　(5) ○

(1) QC七つ道具の全てで層別は使える（➡p.182）。

(2) パレート図は特性の数の大きい順に並べるため、その他の数が大きいとその他に対する対策の検討が困難になる（➡p.183）。

(3) 特性要因図は、対策を目的にすることで方策展開にも使える（➡p.186）。

(4) 製品のキズの場所を調査する際に、製品の図にキズの場所をチェックすることもある（➡p.189）。

(5) 帯グラフは、全体と部分、部分と部分などの割合を見ることができる（➡p.194）。

正解

10

QC七つ道具②

引き続きQC七つ道具について学びます。
ヒストグラム、**散布図**を確認しましょう。

重要度 ★★★

QC七つ道具〜 ヒストグラム

ヒストグラム

　ヒストグラムとは、測定値の存在する範囲をいくつかの区間に分けた場合に、各区間を底辺とし、その区間に属する測定値の度数に比例する面積をもつ長方形を並べた図のことです。これは、計量特性の**度数**分布のグラフ表示のひとつです。

　ヒストグラムは、製品・サービスの特性のばらつきを知りたい、どのような分布の形をしているかを知りたい場合に使用することで、ばらつきをもった数多くのデータの全体の姿（分布）、形を見やすく表すことができます。

ヒストグラムの特徴

- ● 分布の状態を見やすくして、分布の姿をつかめる
- ● 規格との比較から工程能力をつかめる
- ● 分布の中心位置、分布のばらつきの大きさをつかめる
- ● 分布が統計的にどのような分布型になるのかを知ることができる
- ● 層別（→p.182）による違いをつかめる

ヒストグラムの読みとりにより可能になること

- ● 問題点を探り、改善活動のテーマを選択すること
- ● どのような解析（たとえば層別）を行えばよいかを検討すること
- ● どのようなアクションをとればよいかを検討すること
- ● とられたアクションの結果を確認すること

手順1　**分析する特性の決定**

分析したい特性を決定する。ヒストグラムはばらつきや分布状況の分析に向いているため、ふさわしい特性を選ぶ

手順2　**データの収集**

データを収集し表にまとめる。なお、ヒストグラムの分布の形を見るためには、100個程度のデータがあると効果的

手順3　**最大値（Max）と最小値（Min）の算出**

手順2で収集したデータの最大値と最小値を求める

手順4　**区間の数（柱の本数）の目安の決定**

区間の数の求め方は何とおりかあり、データ数の平方根をとるという考え方が一般的だが、ここでは簡便な方法として、データ数に応じた区間数を紹介する。通常、50〜200個くらいのデータの場合には、区間の数は10前後が妥当とされている。なお、250を超えると区間の数は10〜20くらいが妥当とされている

手順5　**区間（柱）の幅（h）を決定**

次の式で区間の幅を求める

$$区間の幅（h）＝\frac{最大値（Max）－最小値（Min）}{区間の数}$$

この計算結果を測定のきざみ（最小測定単位）の整数倍に丸めた（四捨五入した）ものが区間の幅になる

手順6　**第1区間の境界値（柱の太さ）の決定**

区間の境界値（柱同士の境目）は、測定のきざみの1/2に定める
次の式で境界値を求める

$$境界値＝最小値（Min）－\frac{測定のきざみ}{2}$$

また、次に示す式で第1区間の境界値を求める

$$第1区間の境界値＝境界値＋区間の幅（h）$$

手順7　**区間（柱）の中心値の算出**

次の式で第1区間（柱）の中心値を求める

$$第1区間（柱）の中心値\ x＝\frac{区間の下側境界値＋区間の上側境界値}{2}$$

第2区間は第1区間の数値に区間の幅を加えた値になる。以降同じように設定した区間まで計算する

16
日目

QC七つ道具②

199

手順8　度数表の作成

度数（データの数）をカウントし、度数表を作成する。度数をチェックしてゆき、その右にその合計数（f）を書き入れる

No,	区間	中心値	チェック	度数（f）
1	○○〜△△	a	///	3
2	△△〜□□	b	/////	6
⋮	⋮	⋮	⋮	⋮
n	◇◇〜▽▽	z	/	1

手順9　ヒストグラムの作成

手順8で作成した度数表をもとにヒストグラムを作成し、データ数やデータの上限規格や下限規格などを書き入れる

手順10　ヒストグラムの判断

ヒストグラムを読み取り、そこから分かることを分析する

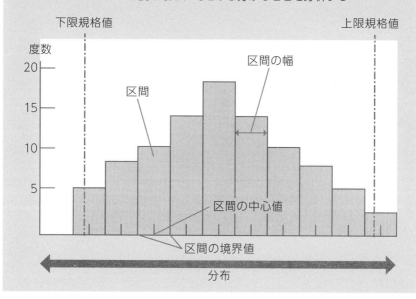

ヒストグラムの例

製品Aの重量のばらつきが問題になっているので、重量の分布を見るために
データ収集し、ヒストグラムを作成し、どのような分布をしているかを調査する。なお、重量の規格値は156 ～ 182mg。

⬇

手順1　分析する特性を製品A重量の分布と定める
手順2　毎日製造している製品Aから4個のデータを25日間収集し、その結果を表1のとおりまとめる

表1　製品Aの重量のデータ（n＝100）

155	160	163	166	167	169	170	172	175	178
155	160	163	166	167	169	171	172	175	178
156	161	163	166	168	169	171	172	175	178
157	162	164	166	168	169	171	174	175	179
157	163	165	166	168	169	172	174	176	180
158	163	165	166	169	169	172	174	177	181
158	163	165	166	169	169	172	175	177	181
159	163	165	166	169	169	172	175	178	181
160	163	165	167	169	170	172	175	178	183
160	163	166	167	169	170	172	175	178	184

手順3　データから最大値（Max）＝184、最小値（Min）＝155
手順4　データ数が100なので区間の数を10とする
手順5　区間の幅を求める

$$区間の幅（h）＝\frac{最大値（Max）－最小値（Min）}{区間の数}＝\frac{184－155}{10}＝\frac{29}{10}＝2.9 \Rightarrow 3$$

手順6　第1区間の境界値を求める

$$下限境界値＝最小値（Min）－\frac{測定のきざみ}{2}＝155－\frac{1}{2}＝154.5$$

$$第1区間の境界値＝境界値＋区間の幅＝154.5＋3 ＝157.5$$

よって、1本目の柱（区間）は154.5 ～ 157.5になる

手順7　区間（柱）の中心値を求める

$$第1区間（柱）の中心値 \ x＝\frac{区間の下側境界値＋上側境界値}{2}＝\frac{154.5＋157.5}{2}＝156$$

手順8 次のように度数表を作成する

製品Aの重量の度数表

No.	区 間	中心値	チェック	度数 f
1	154.5～157.5	156	卌	5
2	157.5～160.5	159	卌 //	7
3	160.5～163.5	162	卌 卌 /	11
4	163.5～166.5	165	卌 卌 卌	15
5	166.5～169.5	168	卌 卌 卌 卌	20
6	169.5～172.5	171	卌 卌 卌	15
7	172.5～175.5	174	卌 卌 /	11
8	175.5～178.5	177	卌 ////	9
9	178.5～181.5	180	卌	5
10	181.5～184.5	183	//	2

手順9 ヒストグラムを作成する

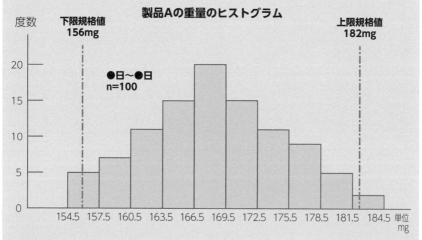

製品Aの重量のヒストグラム

手順10 ヒストグラムを分析する

● 正常型の分布をしている
● 下限規格値と上限規格値を満たしていない製品がある

ヒストグラムの見方

　ヒストグラムから情報を得るためには、多少のデコボコは無視して、次に示す全体的な分布の姿に着目します。

ヒストグラムの着目点

● 分布の中心はどこか
● ばらつきはどうか
● 規格からはずれているデータはないか
● 分布の形はどうか

　ヒストグラムの分布の形には次のようなものがあります。

ヒストグラムの分布の形とその特徴

分布の形	特徴
正常形	安定した工程から得られた計量値のデータは、中央が高く、左右にすそを引いた山形になる
離れ小島形	工程の異常、違うサンプルの混入、測定のミスなどによる飛び離れたデータがあると離れ小島ができる
歯抜け形	ひとつおきに凹凸のある場合で、区間の幅を求める際に、測定のきざみの整数倍をとらなかったり、測定の目盛りを読む際に偏った見方をしたりするとできることがある
ふた山形	山が2つある場合で、平均値の違う2組のデータを一緒にしてしまうと起こる
絶壁形	全数検査をして規格から外れたものをはぶいた場合のデータは製品規格を境にしてこのような形になる。規格外れのデータに手心を加えて規格内に入れたり、逆にデータをすててしまったりする場合によく見られる
スソ引き形	理論的に、または規格などで下限が押さえられており、ある値以下の値をとらない場合に現れる
高原形	平均値が異なるいくつかの分布が混じりあった場合に現れる。層別したヒストグラムをつくるとそれぞれの分布が分かる

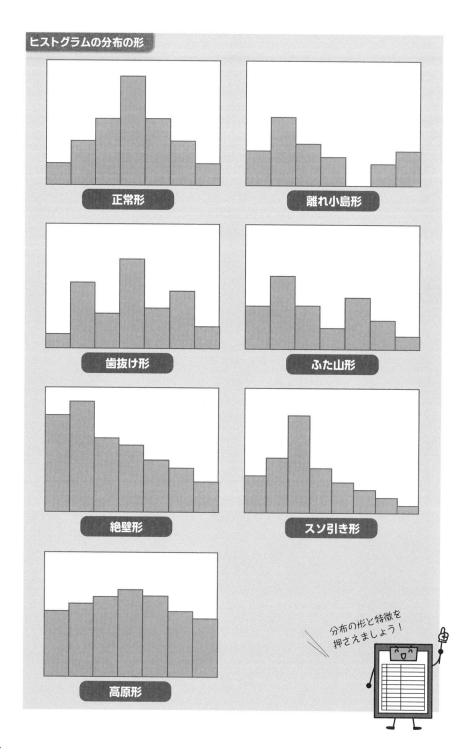

ヒストグラムの分布の形

正常形

離れ小島形

歯抜け形

ふた山形

絶壁形

スソ引き形

高原形

分布の形と特徴を
押さえましょう！

重要度 ★★★

QC七つ道具〜
散布図

散布図

　散布図とは、観察対象（製品、個体など）に対する2つの特性XとYからなる**2次元特性**（X、Y）の関係を解析するための手法です。

　散布図はXとYの間に①相関があるように見える、または②相関がないように見える、というところまでは教えてくれますが、具体的な部分については別の解析手法を用いる必要があります。

散布図の作成方法

手順1 **対になった2つのデータの関係の調査の実施**
相関関係を調べたい2種類の特性（または要因）値を、対応をつけてデータを取る

手順2 **XとYの決定**
2種類の特性（要因）値のうち一方が原因系、他方が結果系の場合には原因系の特性値をX、結果系の特性値をYとする

手順3 **データの用意**
収集したデータを表にまとめる。このとき、XとYが対になるようにする。なお、データ数（n）は30組以上あることが望ましい

手順4 **XおよびYの最大値と最小値の決定**
手順3の表からX、Yの最大値、最小値をそれぞれ読み取る

手順5 **散布図のX軸とY軸の設定**
X軸（横軸）とY軸（縦軸）を引く。Xの最大値と最小値の差がYの最大値と最小値の差とほぼ等しい長さになるよう、つまり正方形になるように引く

手順6 **データのプロット（打点）**
データをプロットする。プロットが2つ重なる場合には◎、●のように印をつける

手順7 **必要事項の記入**
データの数（n＝○個）、図のタイトル等の必要事項を記入する

製品Aの寸法とその特性の関係を知りたいため、どのような相関関係になっているかを分析する。

↓

手順1・手順2　製品の寸法が原因系であるのでこれをXとし、結果系である特性をYにする

手順3　先月の検査データから30組のデータを収集すると次のようになる

表1　製品Aの寸法（X）と特性（Y）

No	X	Y	No	X	Y	No	X	Y	No	X	Y	No	X	Y
1	30	36	7	4	4	13	25	30	19	14	15	25	8	8
2	17	22	8	4	3	14	7	7	20	8	11	26	10	12
3	13	13	9	2	3	15	21	23	21	12	15	27	11	11
4	7	5	10	5	5	16	9	9	22	7	8	28	15	13
5	11	7	11	25	25	17	10	10	23	20	20	29	9	10
6	11	7	12	19	16	18	12	10	24	13	16	30	10	9

手順4　データからX・Yの最大値・最小値を求めると次のようになる
Xの最大値は30、最小値は2、Yの最大値は36、最小値は3

手順5・6・7　X軸とY軸を同じ長さにし、そこにデータをプロットしていく。最後に必要事項を記入して散布図を完成させる

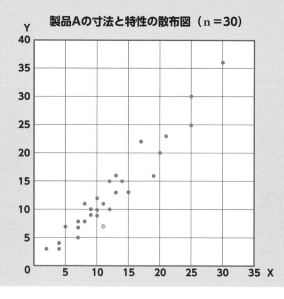

製品Aの寸法と特性の散布図（n＝30）

散布図の形

散布図は、散布図上の点の散らばり方を見てどれに該当するかを調べます。

散布図の形とその特徴

分布の形	特徴
正の相関 （強い正の相関）	Xが増加するとYも増加する傾向が強い場合には、「正の相関がある」という。このため、Xが要因でYが特性の場合には、Xを管理することでYも管理することができる
負の相関 （強い負の相関）	Xが増加するとYが減少する傾向が強い場合には、「負の相関がある」という。このため、Xが要因でYが特性の場合には、Xを管理することでYも管理することができる
相関が ありそうだ	Xが増加すると大体Yが増加していきそうな傾向にあるので「正の相関がありそうだ」または、Xが増加すると大体Yが減少していきそうな傾向にあるので「負の相関がありそうだ」という
相関がない （無相関）	Xが増加してもYが増加する傾向、または減少する傾向が見られない場合には、XとYの間には、「相関がない」という。この場合、Xの変動によってYは影響を受けていないので、Yに影響するX以外の要因を見つけることが必要
異常値のある 散布図	散布図を作成して異常値（外れ値）が出た場合には、その原因を追究し、原因が分かった場合には、そのデータを取り除いて再度散布図を作成する。異常値の原因としては、測定誤り、作業変更、異なったデータの混在などが考えられる。なお、原因が分からなかった場合には、その点を含めて相関を検討する

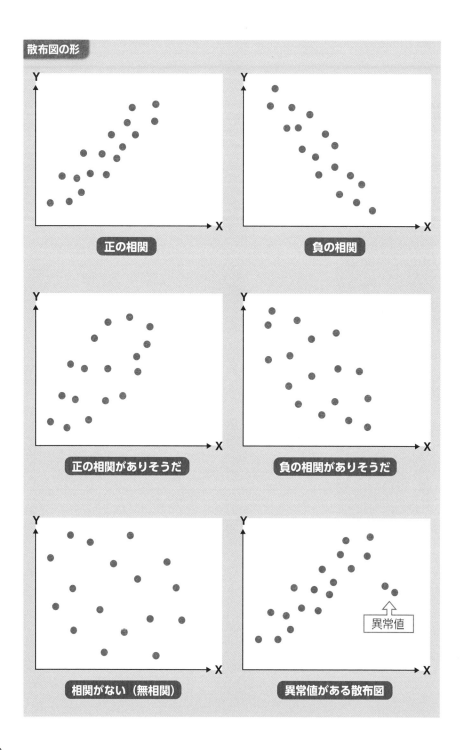

散布図の形

正の相関

負の相関

正の相関がありそうだ

負の相関がありそうだ

相関がない（無相関）

異常値がある散布図

異常値

問1 QC七つ道具に関する次の文章において、◯◯◯内に入る最も適切なものを選択肢からひとつ選べ。

① ヒストグラムは、計量特性の □(1)□ 分布のグラフ表示のひとつである。

② ヒストグラムは、分布の中心位置、分布の □(2)□ の大きさをつかむことができる。

③ ヒストグラムの境界値は、最小値から測定のきざみの □(3)□ を引いた値である。

④ 散布図は、2種類の特性値のうち一方が原因系、他方が結果系の場合には原因系の特性値は □(4)□ 軸にする。

⑤ 散布図はXが増加するとYも増加する傾向が強い場合には、 □(5)□ の相関があるという。

> 【選択肢】
> ア. 1/2　イ. 1/4　ウ. 正規　エ. 度数　オ. 最大値　カ. 正　キ. ばらつき　ク. X　ケ. Y　コ. 負

問2 QC七つ道具に関する次の文章で、正しいものには◯を、正しくないものには×を示せ。

① ヒストグラムを作成するためには、100個程度のデータがあると分布の形を読み取ることができる。 □(1)□

② 区間の幅は、（最大値－最小値）／測定単位で求めることができる。 □(2)□

③ ヒストグラムで平均値が多少異なるいくつかの分布が混じりあった場合に現れる形をふた山形という。 □(3)□

④ 散布図で異常値が発見された場合には、異常値に対する対応は何もせずにそのまま散布図を作成する。 □(4)□

⑤ 散布図では、Xが増加してもYが増加する傾向、または減少する傾向が見られない場合には、XとYの間には、相関がないという。 □(5)□

QC七つ道具② 　　　　　　　　　解答解説

問1 (1) エ 　 (2) キ 　 (3) ア 　 (4) ク 　 (5) カ

(1) ヒストグラムは度数表を作成したあとに作成する（➡p.198、200)。

(2) データのばらつきが小さいとヒストグラムのすそが狭くなり、ばらつきが大きいとすそが広くなる（➡p.198)。

(3) 境界値＝最小値−測定のきざみ／2（➡p.199)。

(4) 散布図は、結果系と原因系がある場合には、X軸が原因系、Y軸が結果系（➡p.205)。

(5) 正の相関は、Xが増加するとYも増加する傾向（➡p.207)。

問2 (1) ○ 　 (2) × 　 (3) × 　 (4) × 　 (5) ○

(1) データ数が少ないと分布の形が読めなくなることがあるので、100個程度用意する（➡p.199)。

(2) 区間の幅は、（最大値−最小値）／区間の数で求めることができる（➡p.199)。

(3) 記述は高原形の説明である。ふた山形とは山が2つある場合で、平均値の違う2組のデータを一緒にしてしまうと起こる（➡p.203)。

(4) 異常値については原因を追究し、原因が分かった場合には、そのデータを取り除いて再度散布図を作成する（➡p.207)。

(5) 相関がないと判断した場合には、Yに影響するX以外の要因を検討する（➡p.207)。

正解

———

10

新QC七つ道具

新QC七つ道具の基本について学びます。
新QC七つ道具は主に**言語データ**を
図形化・可視化することで、
問題解決を行う手法です。

重要度　★

新QC七つ道具

親和図法

　親和図法は、混沌とした問題について、事実、意見、発想を**言語データ**で捉え、それらの相互の親和性によって統合していき、解決すべき問題を明確に図で表す手法です。

　親和図法を用いると、問題が錯綜していて、いかに取り組むかについて混乱している場合に、多数の事実および発想などの項目間の**類似性**を言葉で整理し、あるべき姿および問題の構造を明らかにし、問題の本質を的確に捉えることができます。

　この手法の使用にあたり、個々の発想または項目の類似したものを統合し、最もよく要約または統合した共通の表題の下にまとめていきます。こうすることで、多数の項目を、少数の関連グループに整理することができます。

　重要なことは、**課題**を設定し、その課題に関する**原始情報**を言語データ化し、類似した言語データから新たな言語データを導くことです。

親和図法の例

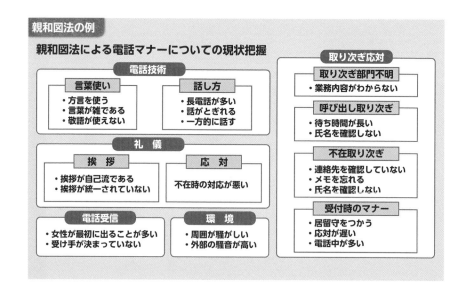

親和図法による電話マナーについての現状把握

連関図法

連関図法は、「原因－結果」や「目的－手段」などが複雑に絡み合っている場合に、図を用いて相互の関係を明らかにすることによって、原因を探索し、**目的**を達成するための**手段**を展開する手法です。

連関図法は問題の姿を明らかにし、原因を究明し、解決策を見出すために用いるので、テーマ選定や**要因解析**に用いると効果的です。

作成のポイントは、同じ要因は1度しか使わない（図中には1度しか登場させない）、ひとつの要因に**2つ以上**の意味をもたせない、要因は「主語＋述語」で表現することです。特に重要なことは、因果関係がループになった場合には、どこかで断ち切ることです。

連関図法と類似の手法に**特性要因図**があります。連関図法は、あらかじめ視点を決めておく必要がなく、要因同士に因果関係があればつなぐことができますが、同じ要因は**1度**しか使用できません。一方、特性要因図は、特性に対して**4M**などの大骨を決めて要因を掘り下げていくので、他の要因とはつながりませんが、同じ要因を何回用いてもよいという違いがあります。

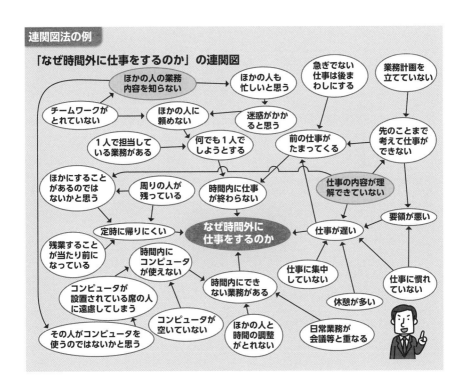

連関図法の例

「なぜ時間外に仕事をするのか」の連関図

系統図法

　系統図法は、目的を設定し、目的に到達する手段を系統立てて展開し、図に整理する手法であり、問題に影響している**要因間**の関係を整理し、目的を果たす最適手段を**系統的**に追求するために使用します。**マトリックス図法**（→p.215）と組み合わせて、問題解決の手段のウェート付けに使うこともあります。

　系統図法には、**方策展開型系統図**（目的と手段の関係を多段に展開し、有効な方策を得る方法）と**構成要素展開型系統図**（対象を構成している要素を目的と手段の関係で樹形状に展開する方法）があります。

　作成のポイントは、**目的**を設定し、その目的を解決するための第1次手段を列挙します。列挙した第1次手段を**第2次目的**に置き換えて、その目的達成のための**第2次手段**を列挙します。以下同様に多段階に展開し、具体的な実行可能手段を得るまで実施します。

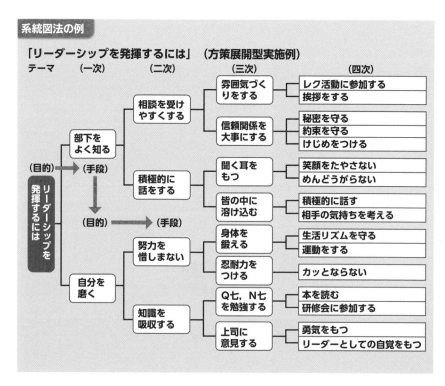

系統図法の例

「リーダーシップを発揮するには」（方策展開型実施例）

マトリックス図法

マトリックス図法は、行に属する要素と列に属する要素を**二元的配置**した図を用いる手法です。

マトリックス図は、多元的思考によって問題点を明確にしていくために使用します。特に二元的配置のなかから、問題の所在または形態を探索し、二元的関係のなかから問題解決への着想を得ます。また、要因と結果、要因と他の要因など、複数の要素間の関係を整理するために使用します。

マトリックス図には、**L型**、**T型**、**Y型**、**X型**があります。

マトリックス図の種類

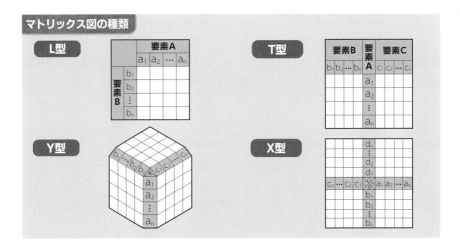

作成のポイントは、**課題**を設定し、検討すべき事象を決めて、**行・列**に配置する要素を決めることです。マトリックスの型を決めたら、各軸に配置する要素を決め、各要素を分解して記入します。

マトリックス図法の例

作業ミス減少のための対策評価のマトリックス図（L型）

対策	効果性	コスト	時間	総合評価
見える化の標準化を行う	4	4	3	11
教育訓練を行う	3	3	2	8
設備を改修する	5	1	1	7
エラープルーフを行う	4	4	4	12

アローダイアグラム法

アローダイアグラム法は、**日程計画**を表すために矢線を用いて図示する手法であり、決まった記号を使用します。

アローダイアグラムは、**PERT**（**Program Evaluation and Review Technique**）と呼ばれる**日程計画**および管理の手法で使用され、特定の計画を進めていくために必要な作業の関連をネットワークで表現し、最適な日程計画を立て、効率よく進捗を管理するために使用されます。具体的には、目標を達成する手段の実行手順、所要日程（工期、工数）およびその短縮の方策を検討する際に使用します。

作成手順は、まず、**課題**を設定し、必要な作業を列挙し、作業の順序関係をつけます。次に**結合点**を書き、**矢線**を引き、結合点の**番号**を記入し、各作業の**所要日程**（工期、工数）を見積もります。さらに、**最早結合点日数**および**最遅結合点日数**、余裕時間を計算し、**クリティカルパス**（最長経路）を表示します。

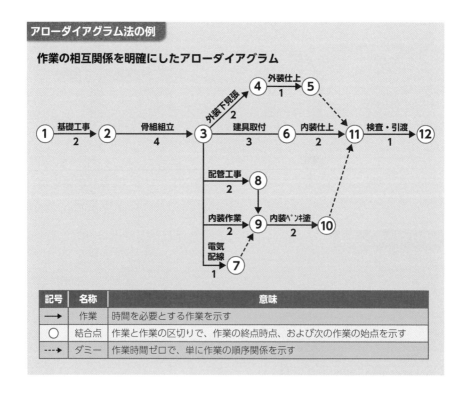

アローダイアグラム法の例

作業の相互関係を明確にしたアローダイアグラム

記号	名称	意味
→	作業	時間を必要とする作業を示す
○	結合点	作業と作業の区切りで、作業の終点時点、および次の作業の始点を示す
---→	ダミー	作業時間ゼロで、単に作業の順序関係を示す

PDPC（Process Decision Program Chart）法

PDPC法 は、**プロセス決定計画図**のことです。目標達成のための実施計画が、想定されるリスクを回避して目標に至るまでのプロセスをフロー化する手法であり、決まった記号を使用します。

PDPC法は、事態の進展とともに、各種の結果が想定される問題について、望ましい結果に至る**プロセス**を決めるために用いられ、問題の最終的な解決までの一連の手段を表し、予想される**障害**を事前に想定し、適切な対策を講じるのに役立ちます。

作成手順は、まず、**課題**を設定し、前提条件および制約条件を確認します。次に出発点と達成目標のゴールを決め、出発点からゴールまでの大まかな**手段**を列挙します。さらに、各段階で予想される状態を想定し、その**対策**を記載します。

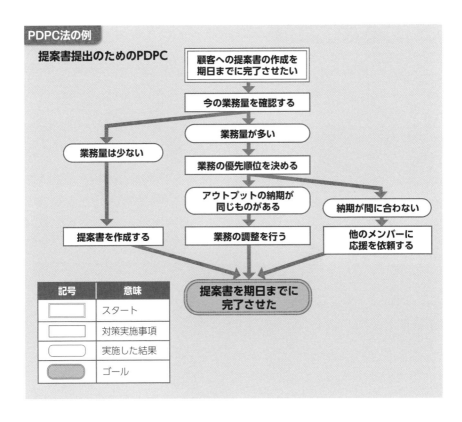

PDPC法の例

提案書提出のためのPDPC

顧客への提案書の作成を期日までに完了させたい

↓

今の業務量を確認する

↓

業務量が多い

業務量は少ない

↓

業務の優先順位を決める

↓

アウトプットの納期が同じものがある

納期が間に合わない

提案書を作成する

業務の調整を行う

他のメンバーに応援を依頼する

↓

提案書を期日までに完了させた

記号	意味
	スタート
	対策実施事項
	実施した結果
	ゴール

マトリックス・データ解析法

　マトリックス・データ解析法は、行・列に配置した**数値**データを解析する、多変量解析の一手法であり、**主成分分析**とも呼ばれることがあります。

　多数の評価尺度または特性を相互の相関関係を手がかりにして、少数の代表的な**評価尺度**に集約し、それをグラフにまとめることにより、サンプル間の差を明確にするといった全体を見通しよく整理し、問題解決の糸口を見つける手法で、新QC七つ道具のなかでこれだけが数値データを用いる解析です。**企業分析、市場や商品の分析やアンケート分析**などで使用できます。

　作成手順は、まず、データをマトリックスに整理し、平均値および標準偏差、マトリックス間の相関係数、固有値、固有ベクトルおよび因子負荷量、主成分得点の計算をします。そして、これらの結果をもとに**主成分得点**の散布状態をグラフにします。

マトリックス・データ解析法の例

マトリックス・データ解析法を用いた企業分析

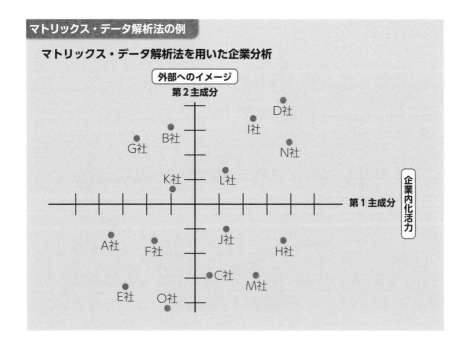

問1 **新QC七つ道具に関する次の文章において、◯◯◯内に入る最も適切なものを選択肢からひとつ選べ。**

① 新QC七つ道具は、主として ◯◯(1)◯◯ データを図に整理する方法として開発されたものである。

② 新QC七つ道具は、図形化することで複雑な問題をわかりやすくして関係者の ◯◯(2)◯◯ を得て問題解決をする。

③ 新QC七つ道具の特徴は、発想に導く手法であり、計画を充実させる手法であること、◯◯(3)◯◯ をなくす手法であることなどである。

④ 新QC七つ道具のうち、◯◯(4)◯◯ だけは数値データを扱う手法である。

⑤ ◯◯(5)◯◯ は目的や目標を達成するための必要な手段を、わかりやすく樹形状に表した手法である。

> 【選択肢】
> ア．対応　イ．PDPC法　ウ．測定　エ．言語　オ．マトリックス・データ解析法　カ．数値　キ．系統図法　ク．コンセンサス　ケ．特性要因図
> コ．抜け・落ち

問2 **新QC七つ道具に関する次の文章において、正しいものには◯を、正しくないものには×を示せ。**

① 親和図法は、多数の事実および発想などの項目間の類似性を言葉で整理するものである。
◯◯(1)◯◯

② 系統図法は、問題の姿を明らかにし、原因を究明し、解決策を見出すために用いるものである。
◯◯(2)◯◯

③ マトリックス図は、多元的思考によって問題点を明確にしていくために使用するものである。
◯◯(3)◯◯

④ アローダイアグラム法は、日程計画を表すために矢線を用いて図示する手法であり、決まった記号を使用する。
◯◯(4)◯◯

⑤ 市場や商品の分析やアンケート分析では、マトリックス・データ解析法を使用することはできない。
◯◯(5)◯◯

新QC七つ道具

解答解説

問1 (1) エ　　(2) ク　　(3) コ　　(4) オ　　(5) キ

(1) 数値データは、QC七つ道具で使用する（➡p.212-218）。

(2) 図形化することで、問題がわかりやすくなり関係者の意見を取り入れることができる（➡p.212-218）。

(3) 図形化することで、抜け・落ちをなくすことができる（➡p.212-218）。

(4) マトリックス・データ解析法は、数値データを扱う（➡p.218）。

(5) 目的を系統的（樹形状）に展開するのが系統図（➡p.214）。

問2 (1) ○　　(2) ×　　(3) ○　　(4) ○　　(5) ×

(1) 親和図法は、個々の発想または項目の類似したものを統合し、最もよく要約または統合した共通の表題の下にまとめる（➡p.212）。

(2) 記述は連関図法の説明（➡p.213）。

(3) マトリックス図は、問題の二次元配置のなかから、問題の所在または形態を探索し、二元的関係のなかから問題解決への着想を得る（➡p.215）。

(4) アローダイアグラムは、PERTと呼ばれる日程計画および管理の手法で使用される（➡p.216）。

(5) マトリックス・データ解析法は、行・列に配した数値データを解析する多変量解析の一手法（➡p.218）。

正解

10

統計的方法の基礎

管理図などの統計的品質
管理手法に用いられる
正規分布と**二項分布**の基本について学びます。

確率と分布

確率分布

　N＝1000個（白900個、赤100個）の玉が器の中にあります。これからランダムに、サンプルとして20個をサンプリングします。何回も繰り返してこれを行った際、平均した赤の出現率のことを、赤の出現する**確率**といいます。赤が出現するのは、0個から20個のパターンがありますが、この出現可能な個数Xに対して確率P（X）を求めることができます。この出現個数を変数と考えるとき**確率変数**といい、その各々がもつ確率全体を**確率分布**といいます。

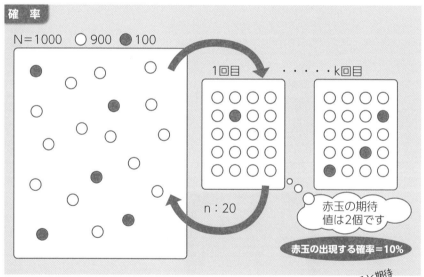

確率

N＝1000　○ 900　● 100

1回目　・・・・・k回目

n：20

赤玉の期待値は2個です

赤玉の出現する確率＝10％

赤玉は2個入っていると期待されますが、0、1、2……20個の場合もあるかもしれません。

重要度 ★★

正規分布と二項分布

計量値と計数値

データには、寸法、重量などのように**連続量**としての**計量値**と、不適合数などのように**離散量**としての**計数値**があります。これらについて統計的な分析を行うためには、これらの**母集団**の分布を考慮する必要があり、計量値は**正規分布**、計数値は**二項分布**やポアソン分布を用います。

正規分布

正規分布は、ひと山で**左右対称**なベル型の分布で、その**確率密度関数**は次のようになります。

$$f(x) = \frac{1}{\sqrt{2\pi}\sigma} exp\left\{-\frac{(x-\mu)^2}{2\sigma^2}\right\}$$

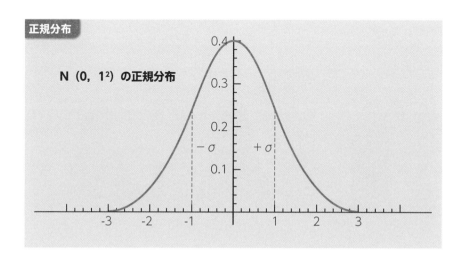

正規分布

N (0, 1²) の正規分布

正規分布はN（μ，σ^2）と表します。これはμ、σ値が決まれば、曲線の形が決まることを意味しています。μは**分布の中心**の位置、σは**ばらつき**の尺度に対応しており、μを**母平均**、σ^2を**母分散**といいます。μ、σ^2を分布のパラメーター、**母数**といいます。

母数と統計量の関係を次の表に示します。

母数と統計量

	母集団	サンプル
	母数	**統計量**
平均	母平均　μ（ミュー）	平均　$\bar{x}$
ばらつき		平方和　S
	母分散　σ^2	分散（不偏分散）V
	母標準偏差　σ（シグマ）	標準偏差　s

次に正規分布の主な確率を示します。

正規分布の主な確率

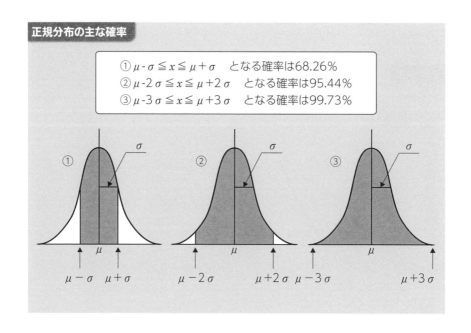

① $\mu-\sigma \leqq x \leqq \mu+\sigma$　となる確率は68.26%
② $\mu-2\sigma \leqq x \leqq \mu+2\sigma$　となる確率は95.44%
③ $\mu-3\sigma \leqq x \leqq \mu+3\sigma$　となる確率は99.73%

正規分布は**確率分布**なので、正規分布からある事象の起こりうる確率を求めることができます。そのためには、次に示す**規準化**といわれる計算を行うことで正規分布N（μ, σ^2）は、**標準正規分布**N（0, 1^2）に変換され、分布の確率を求めたいときには、**標準正規分布表**（→別冊p.25）を用いることで算出できます。

$$u = \frac{x - \mu}{\sigma}$$

　N（23、10^2）のとき30より大きい値が得られる確率を求めるために次の式で**規準化**を行います。

$$u = \frac{x - \mu}{\sigma} = \frac{30 - 23}{10} = 0.70$$

　標準正規分布表の「K_PからPを求める表」のK_P=**0.7**の「行」と**0**の「列」の交点の数値から**0.2420**が得られます。

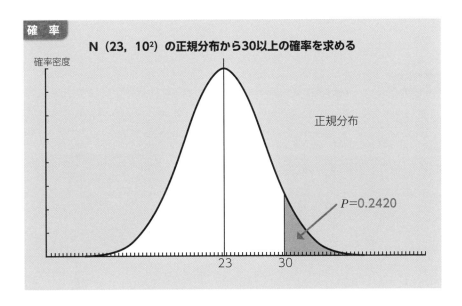

確　率

N（23, 10^2）の正規分布から30以上の確率を求める

確率密度

正規分布

P=0.2420

23　　　30

二項分布

二項分布は計数値であり、不適合品の割合がPであるような**無限母集団**から大きさ n のサンプルを取ったとき、このなかに不適合品が含まれる**確率P(x)**を次の式で表します。

$$P(x) = {}_nC_r P^r (1-P)^{n-r}$$

この式はPなる不適合品率をもつ母集団から、大きさ n のサンプルを取ったとき、不適合品が r 個出現する確率を与える式であり、**B (n, P)** で表します。

不適合品率 P＝0.20の工程から、ランダムに10のサンプルを取った場合、サンプル中の不適合品個数を確率変数Xとすれば、r＝0,1,2,3……,10となり、確率分布 f r は次の表のとおりになります。

不適合品の確率

値r	確率　f r	値r	確率　f r	値r	確率　f r	値r	確率　f r
0	0.10737	3	0.20133	6	0.00551	9	0.00000
1	0.26844	4	0.08808	7	0.00079	10	0.00000
2	0.30199	5	0.02642	8	0.00007		

これを分布にすると次のようになります。

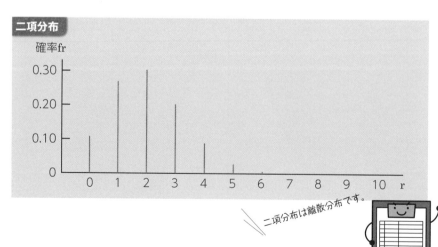

二項分布は離散分布です。

問1 統計的方法の基礎に関する次の文章において、◯◯内に入る最も適切なものを選択肢からひとつ選べ。

① 正規分布 N (μ, σ^2) の μ は分布の中心の位置、σ は ◯(1)◯ の尺度に対応しており、μ を ◯(2)◯、σ^2 を母分散という。

② 確率変数 X が正規分布 N (μ, σ^2) に従うとき、X が $\mu \pm \sigma$ の中に入る確率は ◯(3)◯ ％である。

③ 正規分布 N (μ, σ^2) は確率分布なので、正規分布からある事象の起こりうる ◯(4)◯ を求めることができる。

④ 不適合品の割合が P であるような無限母集団から大きさ n のサンプルを取ったとき、このなかに不適合品が含まれる確率は ◯(5)◯ に従う。

【選択肢】
ア．平均　イ．偏差　ウ．母平均　エ．68.26　オ．95.44　カ．ばらつき
キ．確率　ク．変数　ケ．二項分布　コ．正規分布

問2 統計的方法の基礎に関する次の文章で、正しいものには◯を、正しくないものには×を示せ。

① N=100個（白90個、赤10個）の玉が器の中にあり、これからランダムにサンプルとして10個をサンプリングしたとき、赤玉は必ず1個含まれている。　◯(1)◯

② 正規分布 N (μ, σ^2) は、μ、σ の値が決まれば、曲線の形が決まる。　◯(2)◯

③ 正規分布 N (μ, σ^2) の μ を平均という。　◯(3)◯

④ 正規分布で $\mu \pm 2\sigma$ となる確率は約95％である。　◯(4)◯

⑤ 標準正規分布表の「K_P から P を求める表」の「行」と「列」の交点から確率を求めることができる。　◯(5)◯

統計的方法の基礎

解答解説

問1 (1) **カ** (2) **ウ** (3) **エ** (4) **キ** (5) **ケ**

(1)(2) 母平均は μ、母標準偏差は σ (➡p.224)。

(3) $\mu - \sigma \leqq x \leqq \mu + \sigma$ の確率は68.26% (➡p.224)。

(4) 標準正規分布N $(0,\ 1^2)$ から確率を求める (➡p.225)。

(5) 不適合品は計数値であるので二項分布 (➡p.226)。

問2 (1) **×** (2) **○** (3) **×** (4) **○** (5) **○**

① 期待値は1個であるが、赤玉の出現は0~10までの値をとる (➡p.222)。

② 確率密度関数の式から判断できる (➡p.223)。

③ μ は母平均である (➡p.224)。

④ 正規分布で $\mu \pm 2\sigma$ となる確率は95.44%なので約95% (➡p.224)。

⑤ 標準正規分布表の「K_P からPを求める表」を用いて、$u = \dfrac{x - \mu}{\sigma}$ から計算した結果から確率を求めることができる (➡p.225)。

正解

___

10

管理図

管理図の作成方法および使い方について学びます。
QC七つ道具のひとつである
$\overline{X} - R$管理図の作成方法を理解しましょう。

管理図

管理図の基本

管理図とは、仕事の進め方や工程が安定した状態にあるか否かを判断するために用いる手法です。私たちが日常取り扱っているデータには、次に示す２つの**ばらつき**があります。

データのばらつき

● 見逃せない（原因追究と改善を要する）異常原因によるもの
● 避けることのできない偶然原因によるもの

この異常原因と偶然原因によるばらつきを区別する働きをもったグラフが管理図です。

管理図からわかること

● 異常原因と偶然原因によるばらつきがわかる
● 工程の状況が一目でわかる
● 群内変動と群間変動がわかる

管理図の横軸は**時間軸**、縦軸は**管理特性**を示しています。**中心線**（CL）は平均値を示す線であり、実線で示します。**管理限界線**は、中心線の上下に中心線に平行に引かれた一対の線で、破線または一点鎖線で示します。管理限界線には、**上側管理限界線**（UCL）と**下側管理限界線**（LCL）があり、この中心線、上側管理限界線と下側管理限界線の３つをあわせて**管理線**といいます。また、**群の大きさ**（n）（ひとつの群の大きさを示す、群を構成しているサンプルサイズ）と**群の数**（k）も記載されます。

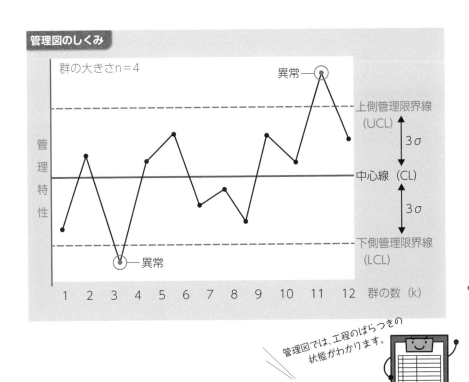

管理図のしくみ

群の大きさn＝4

異常 —○

上側管理限界線
（UCL）

3σ

管
理
特
性

中心線（CL）

3σ

下側管理限界線
（LCL）

○— 異常

1　2　3　4　5　6　7　8　9　10　11　12　群の数（k）

管理図では、工程のばらつきの
状態がわかります。

　管理図は、工程の状態をあらわす特性値がプロットされたとき、全ての点が
上下２本の管理限界線内にあり、点の並びかたに**クセ**がなければ、工程は「**安
定状態にある**」とみなすことができます。一方、点が管理限界線の外に出た場
合、また点の並び方にクセがあらわれた場合には、工程は「安定状態にない」
といい、工程に**異常**状態が生じていると判断して、その原因を調べて処置をと
る必要があります。

231

管理図の種類

管理図は**計量値**と**計数値**のデータに活用でき、次に示すものがあります。

管理図の種類（統計量による分類）

データの種類と例		使用する管理図
計量値	寸法、重量、硬度、温度、時間など	X 管理図（個々の観測値の管理図） $\bar{X} - R$ 管理図（平均値と範囲の管理図）
計数値	不適合品数など	np 管理図（不適合品数の管理図） ……群の大きさが一定
	不適合品率など	p 管理図（不適合品率の管理図） ……群の大きさが異なる
	鉄板の大きさが一定のキズの数など	c 管理図（欠点数の管理図） ……サンプルの大きさが一定の場合
	鉄板の大きさが異なる場合の1㎡当たりのキズの数	u 管理図（単位あたりの欠点数の管理図） ……サンプルの大きさが一定でない場合

また、使用する目的によって、**解析用管理図**と**管理用管理図**に分けられます。

管理図の種類（目的による分類）

管理図の種類	特徴
解析用管理図	・工程が安定状態にあるかどうかを評価するのに用いる ・収集したデータから中心線や管理限界線を求め、それらのデータから計算された各群の総量をグラフに記入する
管理用管理図	・工程の異常を見つけ、安定状態を維持するために用いる ・既にあるグラフに、新たなデータを追加する

$\bar{X} - R$管理図作成の手順

$\bar{X} - R$管理図は次の手順で作成します。

$\bar{X} - R$管理図の作成手順

手順1 **データの収集**
管理対象とする製品・サービスの管理特性を決め、群の大きさ（n）と群の数（k）を決める。データ数が100個程度になるようにする

手順2 **群ごとの平均値の計算**
次の式で、群ごとに平均値を算出する

$$\bar{x} = (x_1 + x_2 + \cdots\cdots + x_n) / n$$

手順3 **総平均値の計算**
データの平均値の総合計を群の数で割り算し、総平均値（$\bar{\bar{x}}$）を算出する

$$\bar{\bar{x}} = \Sigma \bar{x} / k$$

手順4 **各群について範囲Rと範囲の平均値$\bar{R}$の計算**
次の式で群ごとに範囲Rと範囲の平均値$\bar{R}$を算出する

$$R = 最大値 - 最小値, \quad \bar{R} = \Sigma \frac{R}{k}$$

手順5 **$\bar{X}$管理図の管理限界線の計算**
次の式で$\bar{X}$管理図の管理限界線を計算する。なお、A_2は群の大きさによってきまる値で$\bar{X} - R$管理図用計数表から求める

$$上側管理限界線 = \bar{\bar{x}} + A_2\bar{R}$$
$$下側管理限界線 = \bar{\bar{x}} - A_2\bar{R}$$

手順6 **R管理図の管理限界線の計算**
次の式での管理限界線を計算する。なお、D_3、D_4は群の大きさによって決まる値で$\bar{X} - R$管理図用計数表から求める

$$上側管理限界線 = D_4\bar{R}$$
$$下側管理限界線 = D_3\bar{R}$$

19
日目

管理図

233

$\bar{X} - R$ 管理図用係数表

管理図の種類	$\bar{X}$	R	
群の大きさn	A_2	D_3	D_4
2	1.880	(考えない)	3.267
3	1.023	(〃)	2.575
4	0.729	(〃)	2.282
5	0.577	(〃)	2.114
6	0.483	(〃)	2.004
7	0.419	0.076	1.924
8	0.373	0.136	1.864
9	0.337	0.184	1.816
10	0.308	0.223	1.777

手順7　管理図の作成
手順6までの結果をもとに管理図を作成する

$\bar{X} - R$ 管理図の例

製品の重量について、工程の状況を知るために管理図を作成する

↓

手順1〜4　毎日4個の製品をランダムサンプリングし、25日間データを取る
→群の大きさは4、群の数は25
収集したデータから、平均値、総平均値、範囲を計算すると表1の計算結果になる

表計算ソフトにまとめると
計算が楽になります。

234

表1　製品重量のデータ

群の数 ＼ 群の大きさ	N_1	N_2	N_3	N_4	合計	平均値 ($\overline{X}$)	範囲 (R)	
1	55	63	55	53	226	56.5	10	
2	85	63	43	54	245	61.25	42	
3	62	59	64	60	245	61.25	5	
4	54	64	60	52	230	57.5	12	
5	63	21	50	16	150	37.5	47	
6	62	73	57	70	262	65.5	16	
7	46	59	55	54	214	53.5	13	
8	51	64	52	53	220	55.0	13	
9	41	42	46	75	204	51.0	34	
10	38	41	57	45	181	45.25	19	
11	50	50	53	50	203	50.75	3	
12	49	47	55	45	196	49.0	10	
13	43	49	55	56	203	50.75	13	
14	38	40	50	60	188	47.0	22	
15	53	37	48	32	170	42.50	21	
16	49	54	49	56	208	52.0	7	
17	54	46	37	39	176	44.0	17	
18	57	47	32	28	164	41.0	29	
19	51	44	47	59	201	50.25	15	
20	46	57	56	60	219	54.75	14	
21	37	50	48	53	188	47.0	16	
22	61	48	82	75	266	66.5	34	
23	59	63	32	44	198	49.5	31	
24	30	43	69	50	192	48.0	39	Rの平均値
25	55	49	63	60	227	56.75	14	($\overline{R}$)
					5176	51.76	496	19.84

手順5　$\overline{X}$管理図の管理限界線を計算する

A_2は$\overline{X}-R$管理図用計数表から求めると0.729

したがって、

上側管理限界線＝51.76 ＋ 0.729×19.84＝66.22

下側管理限界線＝51.76 － 0.729×19.84＝37.30

手順6　R管理図の管理限界線を計算する

D_4およびD_3を$\overline{X}-R$管理図用計数表から求めるとD_4＝2.282

D_3は記さない

上側管理限界線＝$D_4\overline{R}$＝2.282×19.84＝45.27

手順7　手順6までの結果をもとに$\overline{X}-R$管理図を作成すると次のようになる

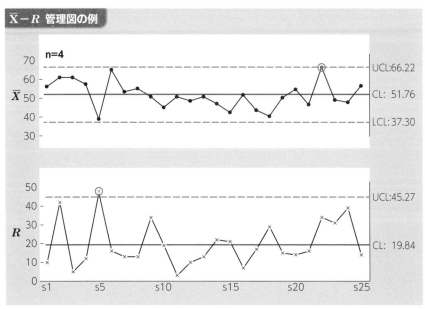

$\overline{X} - R$ 管理図の例

n=4

UCL:66.22
CL: 51.76
LCL: 37.30

UCL:45.27
CL: 19.84

計算結果を管理図に
まとめましょう。

管理図の見方

　管理図が完成したら、管理図から何が読み取れるかを検討します。管理図を用いると、工程が**安定状態**にあるかどうかを判断することができます。

　管理外れについてはすぐに気がつきますが、点の分布のクセ（＝工程の安定・不安定）についてはよく注意しなければ問題を見落とすことがあります。次に示すような点が現れた場合には、工程が異常であるか、原因追究が必要かを判断し、処置をとることが大切です。

管理外れ	上側・下側管理限界線を飛び出した点があるものは管理外れとする
連	中心線の片側に点が続く状態を「連」といい、点の続く数を「連の長さ」という 長さ9の連がある場合には異常と判断する
傾向	点が連続して上昇または下降する場合、「傾向」があるという。点が前の点より6点以上連続して上昇あるいは下降の傾向を示した場合には異常と判断する
管理限界線への接近	中心線と各管理限界線の幅を3等分し、管理限界線に近い1/3の部分（中心線から2σの線より外側の部分、線上も含む）に連続3点中2点が入れば異常と判断する
中心線への接近	中心線と各管理限界線の幅を2等分し、中心線側に連続して15点が入る場合には、2つの異なったグループのデータが混在していないか、測定が正しく行われているかなどについて調査する必要がある
周期	繰り返し同じ間隔で、上昇・下降の傾向が現れる場合は、周期的傾向を起こしている原因について調査する必要がある
管理状態の判定	上記に示した「管理外れの点」や「クセ」がない管理図であれば、工程は「管理状態」にあるといえる。すなわち、管理図中の点のばらつきは、避けることのできない原因によるばらつきであると判断する

次のページで管理図の
クセをみてみましょう

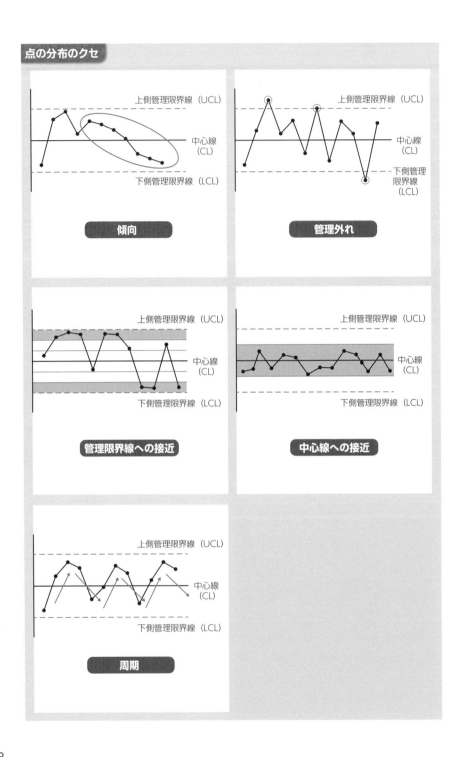

理解度check

問1 管理図に関する次の文章において、□□□内に入る最も適切なものを選択肢からひとつ選べ。

① 管理図から異常原因と □(1)□ に関するばらつきがわかる。

② 管理図における管理線には、□(2)□ 、上側管理限界線、下側管理限界線がある。

③ 群の大きさが一定で不適合品数に関する管理図は、□(3)□ 管理図を用いる。

④ 管理図の上側管理限界線は、$\bar{x} + A_2$ □(4)□ で計算できる。

⑤ 中心線の片側に点が続く状態を連といい、点の続く数を連の □(5)□ という。

【選択肢】
ア．長さ　イ．大きさ　ウ．偶然原因　エ．管理外れ　オ．中心線　カ．群の数　キ．$\bar{R}$　ク．R　ケ．c　コ．np

問2 管理図に関する次の文章において、正しいものには○を、正しくないものには×を示せ。

① 管理図の横軸は時間軸、縦軸は管理特性を示している。　□(1)□

② $\bar{X} - R$ 管理図は、計数値に用いることができる。　□(2)□

③ 工程の異常を見つけ、安定状態を維持するために用いる管理図は、解析用管理図である。　□(3)□

④ R 管理図の上側管理限界線は、$D_3\bar{R}$ で求めることができる。　□(4)□

⑤ 管理図を作成したところ、点が前の点より6点連続して上昇していたので工程が異常であると判断した。　□(5)□

問1 **(1)** ウ **(2)** オ **(3)** コ **(4)** キ **(5)** ア

(1) ばらつきには異常原因と偶然原因がある（➲p.230）。

(2) 中心線も管理線に含まれる（➲p.230）。

(3) 不適合品数の管理図は np 管理図（➲p.232）。

(4) R管理図の中心線になるので、$\bar{R}$ になる（➲p.233）。

(5) 連の長さという（➲p.237）。

問2 **(1)** ○ **(2)** × **(3)** × **(4)** × **(5)** ○

(1) 管理図は、管理特性の時間的変動を示したグラフ（➲p.230）。

(2) $\bar{X} - R$ 管理図は、計量値に用いる（➲p.232）。

(3) 記述は管理用管理図の説明（➲p.232）。

(4) 上側管理限界線は、$D_4\bar{R}$（➲p.233）。

(5) 上昇傾向があるので異常と判断（➲p.237）。

正解

10

工程能力指数・相関係数

学習の最後に
工程能力指数・相関係数について学びます。
計算式を使えるようになりましょう。

工程能力指数

工程能力指数

工程能力とは、プロセスが要求事項に対してばらつきの小さい製品・サービスを提供することができる程度のことであり、**工程能力指数**（Process Capability Index：PCI）といいます。

工程能力は、**規格値**、**平均値**、**規格幅**と比較した工程能力指数により評価できます。一般に、品質特性値が**正規分布**に従う場合には、次の表に示す工程能力指数（C_P）を用います。なお、上限規格値をS_U、下限規格値をS_Lで表します。

工程能力指数

規格	定義（データから推定）式
下限 S_L のみ	$C_{PL} = \dfrac{\bar{x} - S_L}{3\sigma}$
上限 S_U のみ	$C_{PU} = \dfrac{S_U - \bar{x}}{3\sigma}$
両側 S_L、S_U	$C_P = \dfrac{S_U - S_L}{6\sigma}$

工程能力指数は、規格値と平均値と
標準偏差から計算できます。

　ある加工工程の平均値が18.0㎜、標準偏差が2.00であった。
　このときの工程能力指数を算出すると次のようになる。

(1)　**下限規格　10.0mmの場合**

$C_{PL} = (\bar{x} - S_L) / 3\sigma = (18.0 - 10.0) / (3 \times 2.00) = 1.33$

(2)　**上限規格　25.0mmの場合**

$C_{PU} = (S_U - \bar{x}) / 3\sigma = (25.0 - 18.0) / (3 \times 2.00) = 1.17$

(3)　**下限規格　10.0mmで上限規格　25.0mmの場合**

$C_P = (S_U - S_L) / 6\sigma = (25.0 - 10.0) / (6 \times 2.00) = 1.25$

　工程能力$C_P = 1$の場合は、$S_U - S_L = 6\sigma$となり、規格の幅が6σと等しくなります。この場合は、データが規格の外に出る確率は、正規分布のところで説明したように**0.27%**となり、1000個中約3個の規格外が発生する確率になります。規格の幅（$S_U - S_L$）が6σより十分大きい場合は、規格外が発生する確率は、もっと小さくなります。

工程能力指数の評価方法

　工程能力指数から工程能力を評価するためには、次に示す基準を用います。

工程能力の一般的な評価基準

工程能力指数	評価基準
ＰＣＩ≧1.33	工程能力は十分である
1.00≦ＰＣＩ<1.33	工程能力はやや不足している
ＰＣＩ<1.00	工程能力は不足している

　工程能力指数ＰＣＩ＝1.33 は、工程能力が6σであるのに対し規格幅が8σ分ある状態であり、規格の両側に1σの余裕を見ていることになります。部品産業など、より低い不適合品率が求められる場合には、さらに1σ余裕を見て、10σ（ＰＣＩ＝1.67）を超えている場合が良好とする基準も使われています。なお、評価基準は絶対的なものではなく、1.33 などの基準値は、要求される不適合品率によって適宜変更する必要があります。

相関係数

相関係数

相関係数とは、2つの変量の関係の強さを示す尺度のことです。これは**相関係数** r で表され、次の式で求められます。

$$相関係数\ r\ =\ \frac{S(xy)}{\sqrt{S(xx)\cdot S(yy)}}$$

$$S(xx) = \Sigma\ (x_i - \bar{x})^2$$
$$S(yy) = \Sigma\ (y_i - \bar{y})^2$$
$$S(xy) = \Sigma\ (x_i - \bar{x})(y_i - \bar{y})$$

$S(xy)$ は x と y の共変動といいます。

相関係数 r は＋1から－1までの間の値をとり、＋1に近い場合は**正の相関**、－1に近い場合は**負の相関**がある、また、0に近い場合は**無相関**であるといいます。

相関係数の計算例

次の30組のデータから相関係数を求めると次のようになる。

x	y	x	y	x	y
30	36	25	25	12	15
17	22	18	16	7	8
13	13	25	30	20	20
7	5	7	7	13	16
11	7	21	23	8	8
11	7	9	9	10	12
4	4	10	10	11	11
4	3	12	10	15	13
2	3	14	15	9	10
5	7	8	11	10	9

$$S(xx) = \Sigma\ (x_i - \bar{x})^2 = 1297.9$$
$$S(yy) = \Sigma\ (y_i - \bar{y})^2 = 1824.2$$
$$S(xy) = \Sigma\ (x_i - \bar{x})(y_i - \bar{y}) = 1476.3$$
$$r\ =\ \frac{S(xy)}{\sqrt{S(xx)\cdot S(yy)}} = \frac{1476.3}{\sqrt{1297.9\cdot 1824.2}}$$
$$= 0.959$$

＋1に近いので正の相関といえる。

工程能力指数・相関係数

問1 **工程能力指数・相関係数に関する次の文章において、◯◯◯内に入る最も適切なものを選択肢からひとつ選べ。**

① 工程能力は (1) 、平均値、規格幅と比較した工程能力指数で評価できる。

② 工程能力指数が (2) 以上の場合は、工程能力は十分であると判断できる。

③ 両側規格の場合、工程能力 $C_P = 1$ の場合は、規格の幅が (3) と等しくなる。

④ 相関係数とは、 (4) つの変量の関係の強さを示す尺度のことである。

⑤ 相関係数 r を計算したところ、-0.82 になったので、X と Y には (5) の相関があると判断した。

> 【選択肢】
> ア. 1.00　イ. 1.33　ウ. 2　エ. 3　オ. 偏差値　カ. 規格値　キ. 3σ
> ク. 6σ　ケ. 正　コ. 負

問2 **工程能力指数・相関係数に関する次の文章で、正しいものには◯を、正しくないものには×を示せ。**

① 両側規格がある場合、上限規格値 S_U が 25、下限規格値 S_L が 10 で標準偏差が 2.00 の場合には、工程能力指数は 1.25 になる。

(1)

② 上限規格のみの場合、上限規格値 S_U が 25、平均値が 13.0、標準偏差が 2.00 の場合には、工程能力指数は 1.00 になる。

(2)

③ 工程能力指数 PCI < 1.00 の場合には、工程能力は不足していると判断する。

(3)

④ 相関係数 r が 0 に近い場合には無相関であると判断する。

(4)

⑤ $S(x,x) = 9.0$、$S(y,y) = 16.0$、$S(x,y) = 10$ の場合には、相関係数 r は 0.60 になる。

(5)

工程能力指数・相関係数

解答解説

問1 (1) **カ** (2) **イ** (3) **ク** (4) **ウ** (5) **コ**

(1) 工程能力指数の計算は、規格値、平均値、標準偏差が必要（➡p.242）。

(2) 工程能力指数が1.33以上とは、規格の幅が8σ（➡p.243）。

(3) $C_P=1$とは、$S_U-S_L=6\sigma$（➡p.243）。

(4) 変量XとYからなる二次元特性（➡p.244）。

(5) -1に近い場合には負の相関（➡p.244）。

問2 (1) ○ (2) × (3) ○ (4) ○ (5) ×

(1) $C_P=\dfrac{S_U-S_L}{6\sigma}=\dfrac{25-10}{6\times2.00}=\dfrac{15}{12}=1.25$ （➡p.242）

(2) $C_{PU}=\dfrac{S_U-\bar{x}}{3\sigma}=\dfrac{25-13}{3\times2.00}=\dfrac{12}{6.00}=2.00$ （➡p.242）

(3) 工程能力指数の一般的な評価基準では、ＣＰＩ＜1.00の場合、工程能力は不足していると判断する（➡p.243）。

(4) 相関係数rが、0に近い場合には相関関係がないと判断し、無相関であるという（➡p.244）。

(5) $r=\dfrac{S(xy)}{\sqrt{S(xx)\cdot S(yy)}}=\dfrac{10}{\sqrt{9\times16}}=\dfrac{10}{3\times4}\fallingdotseq0.83$ （➡p.244）

正解

10

模擬試験

実際の試験では、大問が18題前後、小問数にして約100問が出題されます。試験時間は90分で、マークシートで解答します。

手法分野と実践分野から出題され、各分野で概ね50%、総合得点70%以上で合格です。

さまざまな問題に慣れるために、ここではやや多めの問題を用意しています。

なお、試験には電卓の持ち込みが可能です。

解答用紙は265ページにあります。

問1

データに関する次の文章において、正しいものには○、正しくないものには×を選び、解答欄にマークせよ。

① 最近寸法不良が多発しているので、上司から1日4個のデータをとるように指示を受けたので、製造開始直後の4個のデータを毎日収集した。 　(1)

② 製品不適合発生状況（日々）の折れ線グラフ作成のため、当日の作業終了時に折れ線グラフに不適合件数をプロットした。 　(2)

③ AラインとBラインで同じ製品を製造している。この製品のa寸法のばらつきを確認するため、AラインとBラインのデータをまとめて計算した。 　(3)

④ 1日に製造する製品重量のばらつきを調査するため、製造ロットを考えてデータを集めるように指示されたので、1日の生産量からランダムに10個サンプルをとって製品の重量を測定した。 　(4)

⑤ 同じ製品の寸法を二人で測定していたが、データにばらつきがあったので気を付けて測定するように注意した。 　(5)

問2

データに関する次の文章において、□内に入るもっとも適切なものを下欄の選択肢からひとつ選び、解答欄にマークせよ。ただし、同じ選択肢を複数回用いることはない。

① 研究や調査の対象となっている集団を　(6)　といい、製品の集まりを表す場合と、データの集まりを表す場合がある。

② データを分析するためには、サンプルに対してデータを収集することが必要であり、このサンプルを構成する要素の　(7)　をサンプルサイズという。

③ サンプリングの開始時点を無作為に決めて、その後は、ある間隔をおいて選ぶ方法を　(8)　という。

④ データは評価尺度によって、名義尺度、順序尺度、　(9)　尺度、比例尺度にわけることができる。

⑤ サンプリングではサンプリング誤差を考える必要があり、これはサンプルの　(10)　によって生じるものである。

【選択肢】

ア. 疑似集団　　　イ. 単純無作為サンプリング　　ウ. 大きさ　　　エ. 並び方

オ. 母集団　　　　カ. 数　　　　　　　　　　　キ. 系統サンプリング　ク. 間隔

ケ. 選び方　　　　コ. 区域

問3

次の文章の □ 内に入るもっとも適切なものを下欄の選択肢からひとつ選び、解答欄にマークせよ。ただし、同じ選択肢を複数回用いることはない。

　部品加工工程でA部品のa寸法のデータを把握するため、1日の生産量からランダムサンプリングを行い、次の5個のデータを得た。基本統計量を計算したところ、次のようになった。

データ：6.5、6.7、6.3、6.2、6.3

平均値　　　　(11)

範囲　　　　　(12)

平方和　　　　(13)

分散　　　　　(14)

標準偏差　　　(15)

【選択肢】

ア. 0.20	イ. 0.03	ウ. 0.04	エ. 0.16	オ. 0.18
カ. 0.4	キ. 0.50	ク. 6.40	ケ. 6.60	

問4

データをまとめる手法のうち、次の場合に適切なものを下欄の選択肢からひとつ選び、解答欄にマークせよ。ただし、同じ選択肢を複数回用いることはない。

① ある部品の結線不良について、不適合品数が100個あり、現象別に分類することができた。どの現象について重点をおいて改善するかを決めたい。　　(16)

② ある部品の寸法と電気特性に関する100組のデータがある。寸法と電気特性との関係をつかみたい。　　(17)

③ あらかじめデータを記入する欄や項目名を記載した用紙を用いて、簡単にデータを取り、そのデータを整理して記録できるようしたい。　　(18)

④ 特性不良を改善するために、これに影響すると思われる要因を多くの人の意見を集めてまとめたい。　　(19)

⑤ ある部品の寸法について100個のデータがある。ばらつきの様子について、分布の形や中心の位置をつかみたい。　　(20)

ア. チェックシート   イ. 層別   ウ. レーダーチャート   エ. 散布図

オ. 円グラフ   カ. 特性要因図   キ. 累積グラフ   ク. ヒストグラム

ケ. 工程能力指数   コ. パレート図   サ. 管理図

問5 ヒストグラムの作り方に関する次の文章の □ 内に入るもっとも適切なものを下欄の選択肢からひとつ選び、解答欄にマークせよ。ただし、同じ選択肢を複数回用いてもよい。

ある製品の1か月間の検査データ（n＝90）からヒストグラムを作成することにした。データは次のとおりであった。（小数点1桁は0と5のみ）

49.5	51.5	50.0	49.0	48.5	・・	・・	・・	・・	・・
・・	・・	・・	・・	・・	・・	・・	・・	・・	・・
・・	・・	・・	・・	・・	・・	・・	・・	・・	・・
・・	・・	・・	・・	・・	47.5	49.0	48.0	48.5	51.5

このデータを次の手順で分析した。

手順1 測定のきざみを確認する。

    測定のきざみは □(21)□ になる。

手順2 範囲の計算をする。

    最大値52.0、最小値47.5であったので、範囲は □(22)□ になる。

手順3 区間の数を決める。

    区間の数は □(23)□ となるが、ヒストグラムを見やすくするために10にした。

手順4 区間の幅を決める。

    区間の幅を計算すると □(24)□ になるので、これを □(25)□ の整数倍に丸める。この結果から区間の幅は □(26)□ になる。

手順5 区間の境界値を決める。

    第1区間の下側境界値は □(27)□ になる。

    第2区間の上側境界値は □(28)□ になる。

手順6 区間の中心値を決める。

    第1区間の中心値は47.50になる。

手順7 区間ごとにデータ数を数え、□(29)□ を作成する。

手順8 □(30)□ を棒グラフで表現する。

【選択肢】

ア. 0.1	イ. 0.45	ウ. 0.5	エ. 4.5
オ. 5.5	カ. 9.49	キ. 10.24	ク. 47.25
ケ. 47.50	コ. 47.75	サ. 48.25	シ. 測定のきざみ
ス. データ	セ. 度数分布表	ソ. ヒストグラム	タ. 度数

問6 管理図に関する次の文章において、□□□内に入るもっとも適切なものを下欄の選択肢からひとつ選び、解答欄にマークせよ。ただし、同じ選択肢を複数回用いることはない。

① 管理図には解析用管理図と管理用管理図があり、工程を安定な状態に保持するために用いられる管理図は □(31)□ である

② 管理図を使うと、データの変動が □(32)□ によるものか、異常原因によるものかを見分けることができる。

③ 管理図では □(33)□ のデータがあれば管理状態を把握することができる。

④ $\bar{X}$管理図では、品質特性値の □(34)□ によって工程の管理状態を把握することができる。

⑤ 工程を不適合品数によって管理する際には、□(35)□ 管理図を用いる。

⑥ 管理図は、工程の状態を表す特性値がプロットされたとき、全ての点が上下2本の □(36)□ にあり、点の並び方に □(37)□ がなければ、工程は「安定状態にある」とみなすことができる。

【選択肢】

ア. 偶然原因	イ. 真の原因	ウ. 30個	エ. 50個
オ. 100個	カ. 管理用管理図	キ. 解析用管理図	ク. 平均値
ケ. 範囲	コ. c	サ. np	シ. 管理限界線外
ス. 管理限界線内	セ. クセ	ソ. ばらつき	

新QC七つ道具に関する次の文章において、もっとも関連の深い用語を下欄の選択肢からひとつ選び、解答欄にマークせよ。ただし、同じ選択肢を複数回用いることはない。

① QCサークル活動で検討した5項目の対策案を、安全性、コスト面、効果性に関する評価項目で評価する場合に用いる方法。　　　　　(38)

② a製品の工程内不適合率の改善を始めたが、改善活動が進まないので、この原因を追究するための方法。　　　　　(39)

③ 営業部門でお客様向けの製品展示会を開催することになった。各活動にかかる時間やそれぞれの活動をいつまでに完了させなければならないか、また、ネックとなる活動は何かを明確するための方法。　　　　　(40)

④ 製造部門では、昨年作業ミスの発生が多発していた。そこで今年度の課題として作業ミスの低減を図ることが提示されたので、製造1課ではプロジェクトを立ち上げた。この課題について色々な対策を検討するための方法。　　　　　(41)

⑤ 営業部門では、顧客に提出する提案書を期日までに完了させたいという課題を達成するため、到達目標として提案書を期日までに完了させるというゴールを明確にして検討することとした。これを検討するための方法。　　　　　(42)

【選択肢】
ア．親和図法　　　イ．系統図法　　　　ウ．マトリックス図法　　　エ．PDPC法
オ．連関図法　　　カ．アローダイアグラム法　　　キ．マトリックス・データ解析法

問8 次の文章で、□内に入るもっとも適切なものを下欄の選択肢からひとつ選び、解答欄にマークせよ。ただし、同じ選択肢を複数回用いることはない。解答にあたって必要であれば別冊P25の標準正規分布表を用いよ。

① a製品の重量のデータを分析したところ、平均値が10.5mg、標準偏差が0.7mg、重量の下限規格は8mg、上限規格は12mgであった。このときの工程能力指数は (43) である。

② 正規分布N $(30,\ 10^2)$ のとき、35以上より大きい値が得られる確率を求めるため、これを規準化すると (44) になる。
　このときの確率は (45) になる。

③ 確率変数Xが正規分布N $(\mu,\ \sigma^2)$ に従うとき、Xが $\mu \pm 2\sigma$ 外になる確率は (46) %である。

④ ある製品の収量（Y）と触媒の量（X）の散布図を作成した。その結果、Xの偏差平方和が16、Yの偏差平方和が24、XとYの [(47)] が18になったので相関係数を求めたところ、[(48)] になった。

この結果から収量と触媒の量は [(49)] と言える。

⑤ 不適合品の割合がPであるような [(50)] から大きさnのサンプルを取ったとき、この中に不適合品が含まれる確率は、二項分布に従う。

【選択肢】

ア．0.0228	イ．0.3085	ウ．0.4	エ．0.5
オ．−0.90	カ．0.92	キ．0.95	ク．0.98
ケ．2.28	コ．4.56	サ．共変動	シ．単変動
ス．負の相関がある	セ．正の相関がある	ソ．有限母集団	タ．無限母集団

問9 散布図に関する次の文章において、正しいものには〇、正しくないものには×を選び、解答欄にマークせよ。

① 散布図を作成したところ、異常値を検出したのでその原因を追究した。原因が測定ミスであることが分かったので、この異常値を除いて再度散布図を作成した。

[(51)]

② 散布図を作成して相関係数が0.5となったので正の相関が強いと判断した。 [(52)]

③ 2つの変量の関係を調査するため、相関係数を算出したところ−0.1であったので、相関がないと判断し、他の要因を検討することにした。 [(53)]

④ 散布図を作成する目的は2つの変量の関係を調べることであり、品質特性をX軸、その変動の要因をY軸にとって関係を明確にすることである。 [(54)]

⑤ 対応のある特性（X，Y）を30組以上集めて、散布図を作成することにした。

[(55)]

問10

QC的ものの見方・考え方に関する次の文章において、もっとも関連の深い用語を下欄の選択肢からひとつ選び、解答欄にマークせよ。ただし、同じ選択肢を複数回用いることはない。

① 設計部門は、製造部門や購買部門のニーズ・期待を調査し、必要な要素を取り入れて設計を進めること。 (56)

② 新製品の製造を行う前に、製造プロセスで問題が発生しないように対応すること。 (57)

③ 工程内不良の分析を行うためにパレート図を使用して、重要な問題から改善に取り組むこと。 (58)

④ 製造設備の条件設定を間違わないように、事前に収録した音声によって確認しながら作業を進めること。 (59)

⑤ 顧客のニーズ・期待を調査し、これを満たすような製品・サービスを企画、開発、設計、製造、提供すること。 (60)

【選択肢】

ア．重点指向　　　　イ．プロダクトアウト　　ウ．品質第一　　　エ．見える化

オ．後工程はお客様　カ．目的志向　　　　　　キ．源流管理　　　ク．未然防止

ケ．因果関係　　　　コ．マーケットイン

問11

次の方針管理及び日常管理に関する文章において、□□内に入るもっとも適切なものを下欄の選択肢からひとつ選び、解答欄にマークせよ。ただし、同じ選択肢を複数回用いることはない。

① A社では、4月から新年度になるため、年度事業計画を1月に策定している。方針管理では、 (61) サイクルを回すことが大切であるので、設計開発部門は全社の方針としての重点課題、目標、 (62) から自部門にこれを (63) することとした。その後、自部門の検討結果と全社方針との整合をとるため社長、および他の部門長と (64) を行った。その結果、目標の変更を行うこととした。

② 調達部門では、日常管理を進めるため、受入製品の不適合件数、納期達成率を (65) として、これらの状況を見える化するため、管理グラフを職場に掲示した。

254

【選択肢】

| ア. 展開 | イ. 収束 | ウ. PDCA | エ. SDCA | オ. 方策 |
| カ. 活動 | キ. すり合わせ | ク. 時間調整 | ケ. 点検項目 | コ. 管理項目 |

問12 新製品開発に関する次の文章において、正しいものには〇、正しくないものには×を選び、解答欄にマークせよ。

① 顧客は製品およびサービスの品質が良いことに着目しているので、新製品開発活動では、このことだけを考えて品質保証活動を行えば十分である。 (66)

② 品質保証に関する活動を示したものに品質保証体系図があり、これを明示することで、利害関係者の信頼を得ることができる。 (67)

③ 製品に関する品質目標を実現するために、さまざまな変換および展開を用いる方法論を品質機能展開という。 (68)

④ FTAは、論理ゲートを使いながら、その発生の経緯をさかのぼって逐次下位レベルに展開する手法であり、設計のフォールトモード分析に使用される。 (69)

⑤ 市場トラブルが発生した場合に対応するため、苦情・クレーム処理に対する仕組みを構築する必要がある。 (70)

問13 QCサークル活動に関する次の文章において、正しいものには〇、正しくないものには×を選び、解答欄にマークせよ。

① QCサークル活動は自主的な活動なので、QCサークル活動へ参加するかしないかの判断は自由である。 (71)

② QCサークル活動のテーマは、品質に関するものだけが対象である。 (72)

③ QCサークル活動では、リーダーだけでなくメンバーも自分に与えられた役割を果たす必要がある。 (73)

④ QCサークル活動を進めるうえで、問題が発生した場合には、上司などに相談することが必要である。 (74)

⑤ 製造部門で工程能力指数が悪くなってきているので、これを改善するためQCサークル活動で対応することにした。さっそくみんなで対策を検討した。 (75)

問14

改善活動に関する次の文章において、□□□内に入るもっとも適切なものを下欄の選択肢からひとつ選び、解答欄にマークせよ。ただし、同じ選択肢を複数回用いることはない。

> 製造1課は部品加工を行っている。5月〜7月のデータを分析したところ、6月から作業ミス件数が増加していることが分かった。そこで、部品加工グループで改善活動を行うこととした。

① 3か月間のデータを (76) で時系列分析をしてみた。しかし、(76) から作業ミス件数に関する傾向について特徴を見つけ出すことができなかったが、Aさんがb製品の時に作業ミスが発生しているように思えると発言した。

② そこで、5月〜7月のデータについて (77) を作成し、その結果からb製品の作業ミス件数が全体の約半分を占めていることが分かった。
  次にb製品の作業ミス件数の低減のための目標を設定することにした。目標は、9月までにb製品の作業ミス件数50%低減とした。

③ b製品の作業ミス件数の原因を追究するため、(78) を作成し、原因を絞り込み、3つの原因を見出した。

④ この3つの原因がb製品の作業ミス件数と関係があるかをデータで (79) するため、過去の不適合報告書から情報を集めて分析をしたところ2つの原因が関係することが分かった。

⑤ そこで、この2つの原因に対する対策案を検討した結果、5項目抽出できたので、これを効果性、コスト面、時間の要素で評価するため、(80) を用いて検討し、3項目を対策とすることとした。

【選択肢】

ア．パレート図　　　イ．ヒストグラム　　　ウ．特性要因図　　　エ．円グラフ

オ．折れ線グラフ　　カ．検証　　　　　　　キ．系統図　　　　　ク．なぜなぜ分析

ケ．マトリックス図法

問15 品質に関する次の文章において、正しいものには○、正しくないものには×を選び、解答欄にマークせよ。

① ねらいの品質とは、顧客・社会のニーズと、それを満たすことを目指して計画した製品およびサービスの品質要素、品質特性および品質水準との合致の程度のことである。 (81)

② 品質要素を客観的に評価するための性質のことを代用特性という。 (82)

③ 製品およびサービスが決められた条件下でその機能を発揮することを当たり前品質といい、この機能が不十分だと不満になる。 (83)

④ 品質管理として取り組む対象には、製品およびサービスだけでなく、プロセス、システム、経営、組織風土なども含まれる。 (84)

⑤ 製品およびサービスを通して、顧客が認識する価値のことを顧客価値というが、顧客が認識する価値には、将来認識される可能性がある価値は含まれていない。 (85)

問16 検査に関する次の文章において、____内に入るもっとも適切なものを下欄の選択肢からひとつ選び、解答欄にマークせよ。ただし、同じ選択肢を複数回用いることはない。

① 品質保証部門では、新製品の検査方法を検討することになった。この製品は高い信頼性が要求されるので、 (86) を適用することにした。

② A社では新製品の製造を始めて6か月経過して製品品質が安定してきているので、 (87) の合・否を判定する抜取検査を適用することにした。

③ B社から購入する製品はJIS認定工場でJIS規格合格品と認定された製品であり、品質に問題がない。このため、検査コストをかけないようにするため、 (88) を適用することにした。

④ 検査・試験で用いる測定機器は、定められた間隔または使用前に行う (89) 又は検証が必要である。

⑤ 製品の外観などを評価するといった人間の感覚を用いて、品質特性が規定要求事項に適合しているかを判定するものを (90) という。

【選択肢】

ア．ロット	イ．製品ごと	ウ．無試験検査	エ．抜取検査
オ．全数検査	カ．官能検査	キ．調整型抜取検査	ク．校正
ケ．計測	コ．感性品質		

問17

プロセス保証に関する次の文章において、□内に入るもっとも適切なものを下欄の選択肢からひとつ選び、解答欄にマークせよ。ただし、同じ選択肢を複数回用いることはない。

① プロセス保証とは、プロセスの (91) が要求される基準を満たすことを確実にする一連の活動のことである。

② プロセスに必要な一連の活動に関する基準・手順を定めたものを (92) という。

③ プロセスは時間とともに変動しているため、そのパフォーマンスの異常を早期に発見するためには、プロセスを (93) する必要がある。

④ QC工程図／QC工程表で使用される記号として◇があり、これは (94) を示している。

⑤ 工程能力調査とは、品質保証上重要な (95) を選定したうえで、プロセスから製品・サービスをサンプリングして、これを測定し、工程能力を明らかにすることである。

⑥ (96) とは、プロセスが管理状態にないことであり、管理状態とは、技術的・経済的に好ましい水準における安定状態のことである。

⑦ プロセスが、要求事項に対してばらつきが小さい製品・サービスを提供することができる程度のことを (97) という。

【選択肢】

ア．品質要素　　　イ．品質特性　　　ウ．工程異常　　　エ．工程管理

オ．品質検査　　　カ．数量検査　　　キ．工程能力調査　ク．工程能力

ケ．監視・測定　　コ．実施　　　　　サ．インプット　　シ．アウトプット

ス．作業記録　　　セ．作業標準書

問18

標準化に関する次の文章において、正しいものには〇、正しくないものには×を選び、解答欄にマークせよ。

① 標準はできるだけ詳細に記述することが基本である。　　　　　　　(98)

② 制定した標準は、事業環境の変化に応じて適宜見直す必要がある。　(99)

③ 標準は管理職が作成したものを作業者が使用するものなので、現場一線の人は標準の作成に参加する必要はない。　　　　　　　　　　　　　(100)

④ 標準化の仕組みの公認機関として典型的なものに、国際標準化機構、日本産業標準調査会がある。　　　　　　　　　　　　　　　　　　　(101)

⑤ 標準は文章である必要はなく、図表、フローチャート、写真、動画などで表すことができる。

(102)

問19 品質マネジメントシステムに関する次の文章において、□内に入るもっとも適切なものを下欄の選択肢からひとつ選び、解答欄にマークせよ。ただし、同じ選択肢を複数回用いることはない。

① 品質マネジメントの主眼は、顧客の要求事項を満たすことおよび顧客の (103) を超える努力をすることにある。

② 客観的事実に基づく意思決定とは、データおよび情報の (104) および評価に基づく意思決定によって、望む結果が得られる可能性が高まるという考え方である。

③ 活動を、首尾一貫したシステムとして機能する相互に関連するプロセスであると理解し、マネジメントすることによって、矛盾のない予測可能な結果が、より効果的かつ効率的に達成できるという考え方を (105) という。

④ ISO 9001は、組織が、品質マネジメントシステムの改善のプロセスを含むシステムの効果的な適用、並びに顧客要求事項および適用される法令・規制要求事項への適合の保証を通して、 (106) の向上を目指す場合に適用できる。

⑤ ISO 9001は、PDCAサイクルの考え方を取り入れており、Planとは、システムおよびそのプロセスの目標を設定し、顧客要求事項および組織の方針に沿った結果を出すために必要な資源を用意し、 (107) および機会を特定し、かつ、それらに取り組むこととしている。

【選択肢】

ア．リスク	イ．品質保証	ウ．パフォーマンス	エ．分析
オ．プロセスアプローチ	カ．顧客満足	キ．ニーズ	ク．調査
ケ．期待	コ．製品およびサービス	サ．システムアプローチ	

問20

次に示すヒストグラムの概要図について、形の見方や考察を説明した文章としてもっとも適切なものを下欄の選択肢からひとつ選び、解答欄にマークせよ。ただし、同じ選択肢を複数回用いることはない。

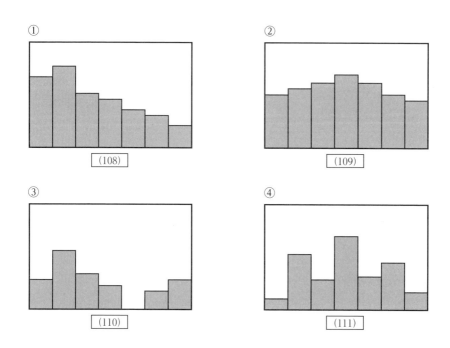

① (108)

② (109)

③ (110)

④ (111)

【選択肢】

ア．工程の異常、違うサンプルの混入、測定のミスなどによる飛び離れたデータがある場合に現れる。

イ．区間の幅を測定のきざみの整数倍にとらない、測定の目盛りを読む際に偏った見方をする場合に現れる。

ウ．理論的に、または規格などで下限が押さえられており、ある値以下の値をとらない場合に現れる。

エ．平均値が多少異なるいくつかの分布が混じりあった場合に現れる。

オ．規格はずれのデータに手心を加えて規格内に入れたり、そのデータをすててしまったりする場合に現れる。

問21 次の文章において、□内に入るもっとも適切なものを下欄の選択肢からひとつ選び、解答欄にマークせよ。ただし、同じ選択肢を複数回用いることはない。

　ある製品の特性である寸法 a の工程能力を調査することとした。

まず、1日10個のデータについて10日分を収集した。これらのデータから最大値と最小値を求めた。

最小値：12.0mm、最大値：12.9mm

① 区間の数は、データ数が100なので、平方根をとって10とした。

② 区間の幅を求めたところ、　(112)　になった。

　計算結果から区間の幅を求めるため、測定のきざみ（0.1）の整数倍に丸めたところ　(113)　になった。

③ ②の結果から第1区間の下限境界値を求めたところ、　(114)　になった。

④ この結果から度数表を作成し、ヒストグラムを作成し、その形を見たところ、次のような形状（イメージ図）となった。

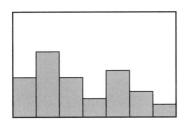

　これは　(115)　であるので、データを　(116)　ヒストグラムを作成する必要があると判断した。

【選択肢】

ア．0.09	イ．0.1	ウ．0.2	エ．11.90
オ．11.95	カ．高原形	キ．ふた山形	ク．層別して
ケ．取り直して			

問22

次に示す散布図の概要図について、見方や考察を説明した文章としてもっとも適切なものを下欄の選択肢からひとつ選び、解答欄にマークせよ。ただし、同じ選択肢を複数回用いることはない。

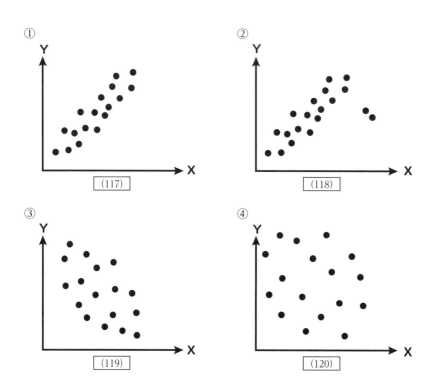

【選択肢】

ア．相関がない

イ．負の相関がありそうだ

ウ．負の相関がある

エ．正の相関がある

オ．正の相関がありそうだ

カ．異常値があり、相関があるとは判断できない

問23 次に示す$\bar{X}-R$管理図について、見方や考察を説明した文章としてもっとも適切なものを下欄の選択肢からひとつ選び、解答欄にマークせよ。ただし、同じ選択肢を複数回用いることはない。

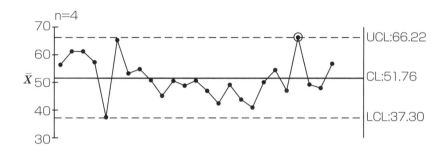

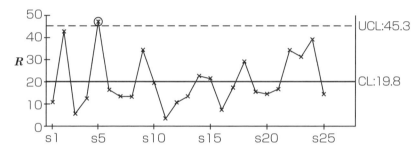

① 群の大きさは ☐(121) である。

② 範囲Rは各群のXの ☐(122) で計算する。

③ R管理図の上側管理限界線は、 ☐(123) $\bar{R}$から計算できる。

④ $\bar{X}$管理図の連から判断すると工程は ☐(124) と考えられる。

【選択肢】

ア．平均値 　　イ．最大値－最小値 　　ウ．4 　　エ．25

オ．D_4 　　　カ．D_3 　　　　　　キ．異常 　　ク．異常ではない

問24

次の文章において、□内に入るもっとも適切なものを下欄の選択肢からひとつ選び、解答欄にマークせよ。ただし、同じ選択肢を複数回用いることはない。

① 製造1課では新製品Aに関する工程管理を行うため、重要品質である重量について (125) 管理図を作成することにした。

② データを100個とするため、群の大きさを4、群の数を25とした。なお、データをとるため、毎日 (126) 4個の製品のデータを収集することとした。

③ 収集したデータの分析を行うため、群ごとの平均値の計算を行い、総平均を算出した。次に各群について (127) とこの平均値を計算した。

④ その後、管理限界線を算出して、 (125) 管理図を作成した。この管理図は (128) 管理図である。

⑤ 作成した (125) 管理図をみると、10日目〜12日目のうち、10日目と12日目が管理限界線に近い1/3の部分に入っていた。しかし、その他は点の分布のクセはなかった。このため、この新製品の工程は (129) 状態であると判断した。

【選択肢】

ア. 範囲　　　　　　イ. 標準偏差　　　　ウ. 解析用　　　　エ. 管理用

オ. ランダムに　　　カ. 製造開始後の連続した　　　　　　キ. p

ク. X　　　　　　ケ. $\bar{X} - R$　　　　コ. 異常　　　　　サ. 安定

解答用紙

問1	(1)		問7	(38)		問14	(76)		問20	(108)	
	(2)			(39)			(77)			(109)	
	(3)			(40)			(78)			(110)	
	(4)			(41)			(79)			(111)	
	(5)			(42)			(80)		問21	(112)	
問2	(6)		問8	(43)		問15	(81)			(113)	
	(7)			(44)			(82)			(114)	
	(8)			(45)			(83)			(115)	
	(9)			(46)			(84)			(116)	
	(10)			(47)			(85)		問22	(117)	
問3	(11)			(48)		問16	(86)			(118)	
	(12)			(49)			(87)			(119)	
	(13)			(50)			(88)			(120)	
	(14)		問9	(51)			(89)		問23	(121)	
	(15)			(52)			(90)			(122)	
問4	(16)			(53)		問17	(91)			(123)	
	(17)			(54)			(92)			(124)	
	(18)			(55)			(93)		問24	(125)	
	(19)		問10	(56)			(94)			(126)	
	(20)			(57)			(95)			(127)	
問5	(21)			(58)			(96)			(128)	
	(22)			(59)			(97)			(129)	
	(23)			(60)		問18	(98)				
	(24)		問11	(61)			(99)				
	(25)			(62)			(100)				
	(26)			(63)			(101)				
	(27)			(64)			(102)				
	(28)			(65)		問19	(103)				
	(29)		問12	(66)			(104)				
	(30)			(67)			(105)				
問6	(31)			(68)			(106)				
	(32)			(69)			(107)				
	(33)			(70)							
	(34)			(71)							
	(35)			(72)							
	(36)		問13	(73)							
	(37)			(74)							
				(75)							

さくいん

267

執筆

福丸典芳

1974年鹿児島大学工学部・電気工学科卒業後、日本電信電話公社（現 NTT）に入社。2002年に有限会社福丸マネジメントテクノを設立し、企業のマネジメントシステムのコンサルティングおよび ISO マネジメントシステム規格の教育などを実施している。また、（一財）日本規格協会の品質マネジメントシステム規格国内委員会の委員などを務めるとともに、QC 検定や ISO 規格の解説など数多くの書籍を出版している。

● 法改正・正誤等の情報につきましては、下記「ユーキャンの本」ウェブサイト内
「追補（法改正・正誤）」をご覧ください。
https://www.u-can.co.jp/book/information

● 本書の内容についてお気づきの点は
・「ユーキャンの本」ウェブサイト内「よくあるご質問」をご参照ください。
https://www.u-can.co.jp/book/faq
・郵送・FAXでのお問い合わせをご希望の方は、書名・発行年月日・お客様のお名前・
ご住所・FAX番号をお書き添えの上、下記までご連絡ください。
【郵送】〒169-8682 東京都新宿北郵便局 郵便私書箱第2005号
ユーキャン学び出版 QC検定資格書籍編集部
【FAX】03-3378-2232
◎より詳しい解説や解答方法についてのお問い合わせ、他社の書籍の記載内容等に
関しては回答いたしかねます。

● お電話でのお問い合わせ・質問指導は行っておりません。

ユーキャンのQC検定3級　20日で完成！ 合格テキスト&問題集　第2版

2021年9月17日　初　版　第1刷発行	編　者	ユーキャンQC検定試験研究会
2023年4月1日　初　版　第2刷発行	発行者	品川泰一
2024年5月1日　初　版　第3刷発行	発行所	株式会社 ユーキャン 学び出版
		〒151-0053
		東京都渋谷区代々木1-11-1
		Tel 03-3378-2226
	発売元	株式会社 自由国民社
		〒171-0033
		東京都豊島区高田3-10-11
		Tel 03-6233-0781 （営業部）

印刷・製本　株式会社トーオン